科学创造中的
原型启发效应机制

朱海雪　任美健◎著

安徽师范大学出版社
ANHUI NORMAL UNIVERSITY PRESS
·芜湖·

图书在版编目(CIP)数据

科学创造中的原型启发效应机制 / 朱海雪, 任美健著. -- 芜湖 : 安徽师范大学出版社, 2025. 8.

ISBN 978-7-5676-7334-2

Ⅰ. N19

中国国家版本馆CIP数据核字第2025DL0567号

科学创造中的原型启发效应机制

朱海雪　任美健◎著

责任编辑: 辛新新　　　　责任校对: 何章艳

装帧设计: 王晴晴　姚　远　　责任印制: 桑国磊

出版发行: 安徽师范大学出版社

芜湖市北京中路2号安徽师范大学赭山校区

网　　址: https://press.ahnu.edu.cn

发 行 部: 0553-3883578　5910327　5910310(传真)

印　　刷: 江苏凤凰数码印务有限公司

版　　次: 2025年8月第1版

印　　次: 2025年8月第1次印刷

规　　格: 700 mm ×1000 mm　　1/16

印　　张: 15.75

字　　数: 210千字

书　　号: 978-7-5676-7334-2

定　　价: 68.00元

序　言

笔者坚持“原型启发”这一研究方向可追溯到2009年，距今已过去整整16年了。在这16年期间，笔者不间断地对这一研究方向进行探索和思考，撰写并发表了系列相关学术论文。随着研究方向转变为基础教育学，认知神经科学方面的研究离笔者逐渐远去。忆过往，发现自己在“原型启发”这一研究方向上付出了诸多努力，也提出了多个有意义的观点，对这一领域的研究具有一定的启示作用。这也是笔者一直想将之前的研究成果整理成著作的重要原因之一。

笔者在整理过程中，兜兜转转历时近半年。在这期间，杂事缠绕，还有一些内容需要找寻过去的资料，使得这部著作的完成时间一再推迟。但无论过去遇到了何种困难，至此都已得到解决，这本倾注笔者多年研究精力的著作终得以完成。期望未来这本著作能让更多读者读到，让同行看到，也期望他们留下宝贵的意见。笔者将虚心接受并进一步完善，做到精益求精。

原型启发理论认为，在解决问题的思考过程中，如果能够在大脑中激活恰当的原型及其所包含的关键启发信息，那么顿悟就能够发生。这里所谓“原型”，不是指客观的外界事物，而是指头脑中对外界事物的主观认知或表征，即能对目前顿悟问题的解决起到启发作用的认知事件。它可能是实验操纵中主试提供的“源问题”在被试头脑中的表征，可能是被试头脑中已有的某一个问题的解决方法，也可能是被试在解决当前问题的过程中新发现的带有思路启发作用的关于事物的认知。

本书在新质生产力视角下，以培养新质创新人才为目标，利用科学创造实例，采用理论与实验相结合的方法揭开创造性思维的面纱。首先，对科学创造中的原型启发机制进行梳理，阐释科学创造原型启发效应机制，主要包括科学创造中原型启发机制初探、科学创造中原型启发研究范式比较两章内容，目的在于厘清原型启发效应的力量基础、框架和研究范式；其次，采用行为研究方法对科学创造中的原型启发效应进行探究，主要包括科学创造中原型位置效应初探、科学创造中原型位置效应机制验证、创造性倾向对原型位置效应的影响三章内容，目的在于通过行为实验方法验证科学创造中原型启发的位置效应，揭示“问题导向”范式更加符合创造性思维的特点；再次，采用fMRI（磁共振功能成像）技术对科学创造中的原型启发效应脑机制进行探究，主要包括科学创造中原型位置效应的fMRI研究、科学创造中原型启发过程脑机制两章内容，其目的是揭示科学创造中原型启发效应的大脑激活情况，对预测个体的创新能力，且针对性地对大脑可塑性进行训练具有重要的意义和价值；最后，对科学创造中原型启发效应对人才培养的启示进行了总结。本书对高校新质创新人才培养、行业新质创新人才培养等都具有重要的意义和价值。

本书以顿悟问题为解决视角，总结促进学生有效学习的方法，探究影响学生问题解决的关键因素，研究与发掘新质创新人才的培养策略，为学校制定新质创新人才培养模式服务。这与党的二十大精神和教育部实施的“六卓越一拔尖”计划2.0理念相一致，能够为国家培养创新人才提供一定的客观事实支撑，具有现实意义和应用价值。本书通过调查研究获取关于高校创新问题解决能力等方面的实证数据，同时借鉴国内外高校人才培养的成功经验，建立科学的符合本校学生创新素养培养要求的人才培养模式，取得的成果可用于同类高校人才培养实践。最后，本书还拓展了创造性思维的研究范式，丰富和发展了科学创造原型启发理论，对顿悟或创造性思维研究领域具有借鉴意义。

本书的撰写得到了安徽省高校优秀青年科研项目（2022AH030108）、滁州学院启动基金项目（2024qd63/2025qd31）的资助。

朱海雪

于滁州学院

2025年2月

目　录

理论篇

行为研究篇

脑机制研究篇

升华篇

理论篇

第一章　科学创造中原型启发机制初探[①]

1　引言

脑机制顿悟的概念最早是由格式塔心理学家Kohler提出的。Kohler认为，顿悟问题解决的过程是以“突变”而不是“渐变”的方式发生的，是将整个情境改组成一种新结构的过程，表现为对整个问题情境的顿悟。在格式塔心理学家们看来，顿悟包含着一种特殊的加工过程，不同于常规的线性信息加工思维。[②]Wallas提出了创造性思维的一般模型——四阶段论，他认为创造过程主要包括准备阶段（preparation）、酝酿阶段（incubation）、明朗阶段（illumination）和验证阶段（verification）。当个体进入明朗阶段后，会突然间被特定情景下的某一个启发信息唤醒，产生新奇的想法和意识，以前的困扰顿时一一化解，问题顺利得到解决。[③]Simon认为顿悟的特征或操作性定义是：①顿悟前常有一段时间的失败，并伴随有挫折感；②在顿悟中，突然出现的问题解决方案，或突然出现的顿悟意识；③顿悟通常与一种新的问题表征方式有关；④有时顿悟前有一段

① 原文刊于《宁波大学学报（教育科学版）》2011年第1期，收入本书时有修改。

② 张奇，王霞．顿悟与顿悟问题研究[J]．宁波大学学报（教育科学版），2006，28（1）：10–13，18.

③ Wallas G.The art of thought[M].New York：Harcourt，Brace Jovanovich，1926.

“潜伏期”，在这期间没有注意到该问题。①

近来有关顿悟的实证研究，主要是从信息加工的角度来探讨顿悟的认知过程。但到目前为止，关于顿悟认知机制的认识仍然没有达成共识。总体上来看，当前主要存在两种代表性的观点：以Kaplan和Simon为代表的表征转变（representation change）理论②；以Ormerod和Chronicle为代表的进程监控（progress monitoring）理论③。

Kaplan和Simon提出了顿悟的表征转变理论，试图用问题表征方式的突然改变来阐释顿悟的内在认知机制。④该理论认为，人在解决问题的时候，往往首先根据题目本身所提示的方式来表征问题，并在相应的问题空间中进行搜索，如果在问题空间中长时间找不到办法使问题得以解决，就需要寻找新的问题表征方式，而潜在的可能的新表征方式是很多的，这就需要在元水平空间（meta-level space）中搜索一个恰当的表征，一旦搜索到一个恰当的表征，顿悟问题便很快得到解决。简而言之，问题表征方式的转换就是顿悟的心理机制。

Ormerod和Chronicle提出了顿悟的进程监控理论，试图用手段-目的分析法来阐释顿悟的内在认知机制。⑤他们认为影响顿悟问题解决的因素主要有两个：Constraints（各种抑制因素和思维定式）和Dynamic（个体试图寻找其他解决方法的驱动力）。个体会依据将要达到的问题目标状态，确定一些看似有效且必需的内在标准

① 张庆林，Sternberg J.创造性研究手册[M].成都：四川教育出版社，2002.

② Kaplan C A，Simon H A.In search of insight[J].Cognitive Psychology，1990，22(3)：374-419.

③ Chronicle E P，Ormerod T C，Macgregor J N.When insight just won't come：the failure of visual cues in the nine-dot problem[J].The Quarterly Journal of Experimental Psychology，2001，54(3)：903-919.

④ Kaplan C A，Simon H A.In search of insight[J].Cognitive Psychology，1990，22(3)：374-419.

⑤ Chronicle E P，Ormerod T C，Macgregor J N.When insight just won't come：the failure of visual cues in the nine-dot problem[J].The Quarterly Journal of Experimental Psychology，2001，54(3)：903-919.

（criterion）来监控每一个局部行为（手段）的有效性，一旦个体认识到所有的行为手段都不符合内在标准的时候就会出现“标准失败”（criterion failure）的感觉，因此会产生一种内在的动力（driving force），促使他去解除抑制（已有知识经验的限制），寻找其他的解题途径。

虽然表征转变理论与进程监控理论对顿悟机制的解释有许多不同之处，但是两者也有许多一致之处：首先，两种理论都认为顿悟问题解决之初都会受到已有知识或经验的限制而不能够用新颖的观点去分析和解决眼前的问题，因此陷入一种思维上的困境；其次，两种理论都承认顿悟问题的解决必须打破已有的思维定式，用新奇的眼光去重新审视眼前的问题，并想出一种新的有效解决问题的方法；最后，两种理论都认为顿悟是实验室条件下所能够观测到的创造性思维，顿悟问题是进行创造性思维实验的有效工具。总的来说，两种理论都把握住了顿悟的本质和研究意义，但是都没有真正揭示顿悟过程中在“打破已有的思维定式”之后怎样才能够有效地“发现新颖的思路”。针对这个问题，我国学者提出了顿悟的原型启发理论，并认为这是关于创造性思维的一个比较普遍的理论解释。①

原型启发理论更符合现实生活中创造性思维的本质。在探讨原型启发理论时，不得不提及它在科学创造中的重要性。现实中的顿悟、灵感、直觉的发生往往都离不开原型启发。人们在面对问题时，往往会在潜意识中寻找与当前问题相似的先前经验或知识，这些先前经验或知识被称为“原型”。通过类比和联想，原型能够激发大脑产生新的思路和解决方案，从而实现创造性思维的突破。科学界关于原型启发促进创造性思维产生的事例很多，如鲁班从带锯齿边的

① 张庆林，邱江，曹贵康.顿悟认知机制的研究述评与理论构想[J].心理科学，2004，27(6)：1435-1437.

茅草中得到启发而发明了锯子。在建筑设计中，建筑师常常会从自然界中寻找灵感，如国家体育场的设计灵感来源于鸟巢的结构。在医学领域，科学家们通过研究蝙蝠的回声定位能力发明了声呐装置，为盲人提供了新的导航工具。可以说，原型启发理论的提出，为理解创造性思维提供了一种新的视角。它强调了个体如何利用已有的知识和经验，通过类比和联想，找到解决问题的新途径。这种理论不仅适用于科学领域，也适用于艺术、文学、商业等领域。

顿悟的原型启发理论认为，在解决顿悟问题的思考过程中，如果能够在大脑中激活恰当的原型及其所包含的关键启发信息，那么顿悟就能够发生。这里所谓“原型”，不是指客观的外界事物，而是指头脑中的对外界事物的主观认知或表征，即能对目前的顿悟问题解决起到启发作用的认知事件。它可能是实验操纵中主试提供的“源问题”在被试头脑中的表征，也可能是被试头脑中已有的某一个问题的解决方法，更可能是被试在解决当前问题的过程中对新发现的带有思路启发作用的事物的认知。由于原型中所包含的信息很多，并不一定都对当前顿悟问题的解决具有启发作用，因此原型中所包含的对于解决当前顿悟问题最具决定性和指导性的启发信息才是关键信息。

顿悟的原型启发理论提出以后，已经产生了一系列关于原型启发的认知机制和脑机制的研究成果，在国际上产生了一定的影响。

原型启发理论的提出，不仅丰富了我们对创造性思维的认识，也为教育和创新实践提供了重要的启示。在教育过程中，教师可以鼓励学生积极寻找和利用原型，通过类比和联想，激发创造性思维。在创新实践中，研发人员可以借鉴原型启发理论，通过跨领域学习和研究，寻找创新灵感。

总之，原型启发理论为我们理解创造性思维提供了一种新的视角，强调了在解决问题过程中，个体如何利用已有的知识和经验，如何借鉴已有的成功案例，通过类比和联想，找到解决问题的新途径。如，在面对复杂问题时，原型启发理论可以帮助人们快速识别问题类型，并利用过往经验中的有效策略来做出决策。在教育领域，原型启发理论可以指导教学方法，教师通过让学生学习案例和进行模拟实践，帮助学生更好地理解和掌握知识。

原型启发理论的意义在于，它提供了一种理解人类如何通过类比和模式识别来解决问题和进行创新的框架。通过类比可以将一个领域的解决方案应用到另一个领域，从而提高解决新问题的能力。原型启发理论认为，人们在面对新问题时，往往会参照记忆中已有的类似问题的解决方案，即“原型”，来启发思考和行动。原型启发理论鼓励跨领域思考，有助于不同学科之间知识的迁移和融合，推动跨学科研究的发展。

2　原型启发的认知机制研究

为了检验和发展顿悟的原型启发理论，研究者用不同的实验任务和实验范式从不同角度进行了有益的探索。

任国防等运用中国古典的“装缸问题”深入探讨了顿悟问题的认知加工过程。[①]研究发现，顿悟问题的解决需要跳出错误的问题空间，更需要在元水平空间的搜索中得到正确的启发，才能很快找到问题的解决方法。也就是说，表征转变理论和进程监控理论可能主要解释了解决顿悟问题为什么困难，却没能很好地解释顿悟问题最终是如何得到解决的，而原型启发理论正是要回答这个问题。

张庆林、邱江采用先学习原型、后进行顿悟问题测试的两阶段

① 任国防，邱江，曹贵康，等．顿悟：是进程监控还是表征转换[J]．心理科学，2007，30(5)：1265-1268.

实验范式，探讨了“九点问题”解决中的原型启发效应。实验中设了内隐组和外显组，研究结果显示，解决“九点问题”的过程中如果激活了恰当的“原型”则问题解决的正确率大大提高，而且内隐组与外显组的差异不显著。通过进一步分析发现，原型的激活并不能够保证“九点问题”的成功解决，从原型中获取关键启发信息才是提高正确率的真正原因。所以该研究证实了原型启发的思维过程包括“原型的激活”和“关键启发信息的激活”两个加工阶段。①

曹贵康等对“四等分问题”解决过程中的原型启发的思维过程做了进一步研究后发现，内隐学习条件和外显学习条件下激活原型的人次并无显著差异，但是，在外显学习条件下更容易在激活原型后激活原型中所隐含的关键启发信息。因此得出结论：原型事件的激活是自动加工，而原型事件中所包含的关键启发信息的激活是控制加工。②

吴真真等以中国传统字谜为实验材料，采用“学习多个原型字谜—测试多个目标字谜”两阶段研究范式进行研究，结果发现，先学习3个（或6个，或9个）原型字谜之后测试3个（或6个，或9个）目标字谜，其正确率和反应时不受数目多少的影响，而原型字谜的启发量的大小（有原型字谜学习和无原型字谜学习条件下目标字谜测试的正确率之差）对原型启发效应有显著影响，再次证实了原型激活是一种自动加工，而原型中隐含的关键启发信息的激活是控制加工。③

陈丽等以汉语字谜为实验材料，采用先学习原型字谜，接着进行正负情绪诱导（被试分为正情绪组、负情绪组和控制组），然后再

---

① 张庆林，邱江．顿悟与源事件中启发信息的激活[J]．心理科学，2005，28(1)：6-9.

② 曹贵康，杨东，张庆林．顿悟问题解决的原型事件激活：自动还是控制[J]．心理科学，2006，29(5)：1123-1127.

③ 吴真真，邱江，张庆林．顿悟的原型启发效应机制探索[J]．心理发展与教育，2008(1)：31-35.

进行靶字谜测验的三阶段实验设计，探讨正负情绪状态对汉语字谜原型激活的影响。结果显示：正情绪组的成绩明显优于控制组和负情绪组，而负情绪组与控制组的成绩差异不显著。该研究认为，正情绪对顿悟这种创造性思维的产生具有促进作用。①

以上研究都是对顿悟的原型启发的认知机制的探索，相关学者还对顿悟的原型启发的脑机制进行了研究。

3 原型启发的脑机制研究

脑成像技术为直接观察脑在处理复杂信息时的活动状况提供了强有力的研究手段。

罗劲等利用功能性磁共振脑成像技术记录了人类大脑在实现顿悟的一瞬间的活动状况。该研究采用传统的谜语作为实验材料（例如，谜面是“你杀死了它，但流的却是你自己的血”，谜底是“蚊子”），在被试思考谜语而未找到答案的时候呈现谜底来“催化”顿悟过程。结果表明：①新异而有效的联系的形成依赖于海马，而顿悟就意味着新异而有效的联系的形成。②顿悟中问题表征方式的转换与脑内的视觉空间信息加工网络有关。③前扣带回（ACC）与腹外侧前额叶（ventral lateral PFC）的激活与顿悟问题解决中打破思维定式所产生的认知冲突有关。参与顿悟的诸多脑区的作用不大可能是等同的，一些区域的作用会比另一些区域更加关键，要想对这些区域的贡献加以区分，就需要来自“领域内的证据”——操纵不同的实验条件来分析某些功能和“跨领域的证据”（cross-domain

① 陈丽，张庆林，严霞，等.汉语字谜原型激活中的情绪促进效应[J].心理学报，2008，40(2)：127-135.

validity)，即来自其他相关领域的佐证。①

Goel和Vartanian采用fMRI技术考察了13个正常被试在包含定式转移的发散性思维任务中前额叶的活动状况。实验材料采用吉尔福特的火柴棒问题，如果被试成功解决了问题，就表示发生了定式转移。基线任务用来判断被试提供的答案是否正确。通过比较，火柴棒任务与基线任务显示激活了右腹外侧前额叶（right ventral lateral PFC）和左背外侧前额叶（left dorsal lateral PFC）。进一步比较成功解决了火柴棒问题的脑激活区与未成功解决问题的脑激活区，结果显示，右腹外侧前额叶、左侧额中回（left middle frontal gyrus）和左侧额极（left frontal pole）有显著激活。由此研究者判定右腹外侧前额叶是定式转移或表征转换神经机制的关键脑区。②

买晓琴等同样利用谜语作为实验材料，采用事件相关电位（event related potential，ERP）技术，从加工的时间过程上探索了问题解决过程中顿悟的神经机制。结果发现，呈现谜语答案以后，“有顿悟”（理解了谜语答案的巧妙）比“无顿悟”（不理解谜语答案）的ERP波形在250 ~ 500 ms内有一个更加负向的偏移。[潜伏期380 ms时候的差异负波（N380）] 在额中央区活动最强，偶极子溯源分析结果显示，N380可能起源于前扣带回，反映了顿悟问题解决过程中对思维定式的突破。③

顿悟是一个复杂的认知过程，N380是否真的是顿悟的脑电成分？为了解决这个问题，邱江等选取汉字字谜作为实验材料（例如，

① Luo J, Niki K, Phillips S. Neural correlates of the “Aha! Reaction”[J]. NeuroReport, 2004, 15(13): 2013–2017.

② Goel V, Vartanian O. Dissociating the roles of right ventral lateral and dorsal lateral prefrontal cortex in generation and maintenance of hypotheses in set-shift problems[J]. Cerebral Cortex, 2005, 15(8): 1170–1177.

③ Mai X Q, Luo J, Wu J H, et al. “Aha!” effects in a guessing riddle task: an ERP study [J]. Human Brain Mapping, 2004, 22(4): 216–270.

字谜“个个领头干”的谜底是“竿”），分析字谜作业中呈现正确答案以后的“有顿悟”（理解谜底的巧妙之处）和“不理解”与“无顿悟”所诱发的ERP（无顿悟是被试很快自己找到答案，因此这一类题目是十分容易的非顿悟性的题目）。结果表明，在谜底呈现后的250～400 ms内，“不理解”与“有顿悟”都比“无顿悟”诱发了一个更加负向的偏移，而“不理解”与“有顿悟”之间的差异并未达到显著水平。在差异波中这个负波的潜伏期约为320 ms（N320）。偶极子溯源分析结果显示，N320可能起源于ACC以及丘脑核团附近。因此，他们认为N320仅仅反映了新旧思路之间的认知冲突，并不能真正揭示顿悟问题解决中“思维定式的突破”以及“恍然大悟”所对应的独特的脑电变化。[①]

邱江等采用汉字字谜问题和fMRI技术考察了顿悟的原型启发的脑机制。研究发现，相对于非顿悟条件的脑激活，顿悟条件下脑激活显著增加的区域有楔前叶（precuneus）、左侧额下/额中回（left inferior/middle frontal gyrus）、枕叶下回（inferior occipital gyrus）和小脑（cerebellum）。他们认为，楔前叶与情景记忆的成功提取（原型激活）有关，左侧额下/额中回与形成新异联系和打破心理定式（对原型中所包含的关键启发信息的利用）有关，枕叶下回和小脑与对字谜的再审视和注意的重置（评价产出是否适合于新颖性的要求）有关。[②]

从上述实验研究结果可见，腹外侧前额叶、前扣带回、楔前叶、左侧额下/额中回、额极、枕叶下回和小脑等都对顿悟具有重要作用，但是这些脑区在顿悟中的作用大小还有待进一步研究。

---

① Qiu J, Li H, Luo Y J, et al.Brain mechanism of cognitive conflict in a guessing Chinese logogriph task[J].NeuroReport, 2006, 17(6): 679-682.

② Qiu J, Li H, Jerwen J, et al.Neural correlates of the “Aha” experiences: evidence from an fMRI study of insight problem solving[J].Cortex, 2010, 46(3): 397-403.

4 科学创造中原型启发研究设想

采用谜语和汉字字谜作为实验材料，在一定程度上解决了脑机制研究所必需的信号叠加的问题（每一种实验条件需要有30～50次叠加），即解决了同质型实验材料的数量问题，但是它们都属于人工性的问题，其生态学效度往往不高。作为与现实生活密切相关的创造性思维的机制的研究不能脱离实际问题。因此，该领域的研究需要在实验材料上打破人工性的限制，采用更符合现实中创造性思维产生的科学创造问题为实验材料。

张庆林、邱江等人编制了“科学创造实验问题材料库”，共有84个依据科学家发明创造的最新事例而编制的测试题目，每个题目均包含一个情境问题、一个原型和一个参考答案。下面是一个测试题目的实例：

情境问题：宇航员出舱时穿的宇航服，既要有一定的坚硬度以便承受气压，又要能够弯曲，便于宇航员操作。怎样使宇航服既有硬度又能自由弯曲呢？

原型：煮熟的虾子，其身体部分的外壳，既坚硬又可以弯曲。

参考答案：将宇航服需要自由弯曲的部位做成虾子外壳的样子。

“科学创造实验问题材料库”编制过程中对每个题目进行了一系列测试，建立了如下一系列指标：正确率1（指只呈现情境问题时的正确率），对应的反应时为反应时1；正确率2（学习原型后再解决情境问题时的正确率），对应的反应时为反应时2；“原型启发量”，是正确率2和正确率1之差。

目前，以“科学创造实验问题材料库”的测试题目为实验材料，已经完成了一系列的实验研究，如“科学创造问题解决中的原型位置效应”“原型知识表征对创造性问题解决中启发效应的影响”“科学问题发现中的原型启发效应”“情绪状态对科学问题解决中的原型启发效应的影响”“创造性问题解决过程中原型启发的脑机制研究”等，从中发现了很多有趣的现象。例如，在“科学创造问题解决中的原型位置效应”研究中发现，“先呈现问题，后呈现原型”的测试成绩优于“先呈现原型，后呈现问题”的成绩，证明了带着问题看原型更有利于获得表征原型的“关键启发信息”，因此更容易在解决问题过程中促进原型启发效应。又例如，在“原型知识表征对创造性问题解决中启发效应的影响”研究中发现，被试在学习原型的时候，原型文字的小标题（标识）不同（或者指向原理，或者指向原型体，以上述“宇航服”问题为例，其原型文字的小标题是“既硬又软的外壳”或者是“煮熟的虾子”），其启发作用也不同，指向原理的标识比指向原型体的标识更能够起到原型启发的作用。

其实，除了上述研究之外，“科学创造实验问题材料库”还可以用来做很多课题，例如，呈现原型的时候是否配有图片或视频讲解（加强原型的形象表征）对原型启发有什么影响，不同的人格特点（如不同的认知风格或创造性人格）是否有原型启发的不同表现，原型启发问题解决中是否存在顿悟的酝酿期，大脑的不同状态（如疲劳程度、放松程度、意识集中程度等，还有催眠状态、气功的入静状态、饮酒的麻痹状态等）对原型启发效应的影响，不同的动机和情绪状态对原型启发效应的影响，等等。

由于“科学创造实验问题材料库”有84个科学创造领域的测试题目，所以可以满足脑成像研究的“重复测试”与所记录的“脑信号叠加”的需要，可以在行为研究的基础上进行一系列顿悟的脑机制的深入研究，为揭示大脑的创造性思维的奥秘做出贡献。

为了进一步探索大脑在顿悟过程中的活动，可以利用先进的脑成像技术，如fMRI和NIRS（近红外光谱成像），来观察大脑在不同思维阶段的血流变化。通过这些高精度的图像，研究人员可以识别出在顿悟过程中活跃的脑区，例如前额叶皮层、颞叶和顶叶等区域。此外，还可以通过电生理技术，如脑电图（EEG）和磁脑图（MEG），来捕捉大脑在顿悟瞬间的电活动和磁场变化。这些数据有助于揭示顿悟发生的时序特征，从而更精确地描绘出大脑在创造性思维中的动态过程。

除此之外，在行为研究方面，还可以设计一系列实验，如类比推理任务、问题解决任务和创造性思维任务等，来诱发参与者的顿悟体验。通过记录参与者在任务中的表现和反应时间，结合脑成像和电生理数据，研究人员可以更全面地理解顿悟的神经机制。还可以进一步探讨不同个体在顿悟过程中的差异，例如年龄、性别、教育背景和创造力水平等因素对顿悟的影响。通过比较不同群体的大脑活动模式，科学家们可以揭示哪些脑区和神经网络在创造性思维中起着关键作用。

此外，未来的研究还可以利用神经调控技术，如经颅直流电刺激（tDCS）和经颅磁刺激（TMS），来干预大脑特定区域的活动，从而验证这些区域在顿悟过程中的功能。通过这些实验，研究人员可以进一步验证和细化顿悟的神经机制模型。

最终，通过这些综合研究方法，科学家们不仅能够揭示大脑在顿悟过程中的活动模式，还能够为教育、艺术创作和科技创新等领域提供宝贵的见解。例如，了解顿悟的神经机制可以帮助教育工作者设计更有效的教学方法，激发学生的创造力和解决问题的能力。同时，这些研究成果也有助于开发新的认知训练程序，提高人们的创新思维能力和应对复杂问题的能力。

第二章 科学创造中原型启发研究范式比较[①]

1 引言

顿悟问题一直是创造性思维研究的热点问题，虽然学者们通过不同的技术手段、实验任务、实验范式从不同角度对顿悟的认知神经机制进行了一系列的探索，但是由于顿悟的突然性与复杂性，至今在顿悟的发生机制上没有统一的结论。通过梳理前人的研究可以发现，顿悟的发生几乎都包含了以下两种体验：顿悟闪现的啊哈（Aha）体验和因定式自动激活而催生的僵局阶段体验。[②]突发顿悟地解决问题比按步骤和固定思维方式解决问题更准确，而且这种顿悟体验在正确解决问题之后表现得更加强烈。[③]可见，顿悟体验在顿悟问题解决过程中起重要作用。[④⑤]怎样更好地打破僵局产生顿悟体验

---

① 原文刊于《心理科学》2020年第4期，收入本书时有修改。

② 沈汪兵，袁媛，赵源，等．顿悟体验的特性、结构和功能基础[J]．心理科学，2017(2)：347-352.

③ Webb M E, Little D R, Cropper S J.Insight is not in the problem: investigating insight in problem solving across task types[J]. Frontiers in Psychology, 2016, 7: 1424.

④ Jarman M S.Quantifying the qualitative: measuring the insight experience[J].Creativity Research Journal, 2014, 26(3): 276-288.

⑤ Shen W B, Yuan Y, Liu C, et al. In search of the "Aha!" experience: elucidating the emotionality of insight problem-solving [J]. British Journal of Psychology, 2016, 107 (2): 281-298.

或灵感是顿悟问题解决的关键[①]，而启发式思维已经被证实在顿悟或灵感闪现中起重要作用[②]。启发式思维基于张庆林、邱江、曹贵康（2004）提出的原型启发理论，原型启发理论认为原型启发是顿悟产生的重要途径，顿悟产生的条件为激活大脑中的原型及其中的关键启发信息。[③]后来启发式思维被证明是顿悟产生的最直接的推动力，也是顿悟认知加工过程中最核心的要素。[④]

顿悟的产生离不开现实生活，更要为现实生活服务。这也就意味着在研究顿悟问题时需考虑实验材料的生态效度。因此，学者们收集现实生活中的科学创造问题，并将其在实验室条件下加以解决，建立了“科学创造实验问题材料库”。[⑤]材料库的建立使顿悟的原型启发研究开始转向更加生态化的科学创造问题下的原型启发研究，这更符合实际生活中问题解决的情境，更加具有科学性和客观性。目前，关于顿悟原型启发的研究多以“科学创造实验问题材料库”中的题目为实验材料。材料库中每个题目均包含一个情境问题、一个原型和一个参考答案。例如：

情境问题：当飞机速度接近和超过音速时，会在空气中形成音障，音障有时会损坏飞机。怎样使超音速飞机突破音障？

原型：剑鱼上颌尖长且硬，其高速游行时甚至可以击穿木船。

参考答案：将飞机前端设计成像剑鱼上颌尖长且硬的结构。

---

① 黄福荣，和美，罗劲．组块破解形态顿悟的脑认知机理[J]．科学通报，2017，62(31)：3594-3604.

② Luo J L, Li W F, Qiu J, et al.Neural basis of scientific innovation induced by heuristic prototype[J]. Plos One, 2013, 8(1): e49231.

③ 张庆林，邱江，曹贵康．顿悟认知机制的研究述评与理论构想[J]．心理科学，2004，27(6)：1435-1437.

④ 张庆林，田燕，邱江．顿悟中原型激活的大脑自动响应机制：灵感机制初探[J]．西南大学学报(自然科学版)，2012，34(9)：1-10.

⑤ 朱丹，罗俊龙，朱海雪，等．科学发明创造思维过程中的原型启发效应[J]．西南大学学报(社会科学版)，2011，37(5)：144-149.

梳理文献发现，围绕科学创造问题解决来研究顿悟原型启发效应主要存在两种实验范式："原型导向"与"问题导向"。[①②]在这两种实验范式下顿悟均可发生，但是也存在一系列未明确的问题：（1）两种实验范式在问题解决中到底哪个更重要？哪一种应用更广泛？（2）两种实验范式在问题解决过程中的发生机制存在哪些区别？（3）顿悟原型启发的本质在于激活了问题（问题导向），激活了原型（原型导向），还是激活了二者的联结（自动效应）？这些问题的解决对创新型人才的培养、问题解决能力的提高都具有促进作用，也可为进一步探究科学创造问题解决的原型启发的内在本质提供重要的参考。

基于此，下文将梳理科学创造原型启发的两种不同实验范式，即"原型导向"与"问题导向"，并分别阐述两种不同实验范式下原型启发的相同之处与不同之处，从而揭示不同范式下顿悟原型启发的内在发生机制，进一步探索科学创造顿悟原型启发的本质，并提出未来的研究方向。

2　科学创造中原型启发效应实验范式："原型导向"与"问题导向"（原型位置效应）

2.1　"原型导向"范式

"原型导向"范式即先呈现原型材料，被试学习之后，随之呈现情境问题材料，要求被试在规定的时间内匹配原型材料与相应的情

① 田燕，罗俊龙，李文福，等. 原型表征对创造性问题解决过程中的启发效应的影响[J]. 心理学报，2011，43(6)：619-628.

② 朱海雪，罗俊龙，杨春娟，等. 发明创造问题解决中的原型位置效应[J]. 心理科学，2012，35(1)：70-75.

境问题，并解决问题。实验流程见图2-1：

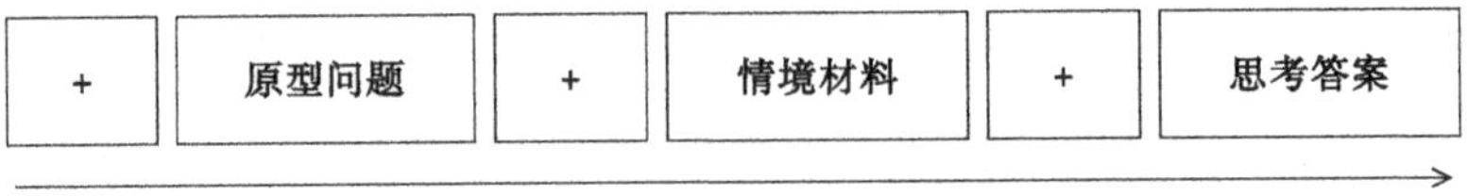

图2-1 “原型导向”范式实验流程

在“原型导向”范式下，顿悟之所以发生，是由于原型中的“特征性功能”与问题中的“需求性功能”之间形成了语义上的“响应”（击穿—突破）。[①]这里的特征性功能是指原型学习阶段形成的“构造—功能”语义表征中的“功能”，如剑鱼的上颌“尖长且硬”是“构造”语义表征，“可以击穿木船”形成的“功能”语义表征便是原型的“特征性功能”。“需求性功能”是指“目标—功能”语义表征中的“功能”，如突破音障是“目标”，通过某种“构造”实现“目标”便是问题的“需求性功能”。

另外，个体因素中的低强度竞争水平、消极情绪[②]及中等程度的饮酒量[③]在“原型导向”范式下的原型启发中起促进作用，而午睡剥夺[④]、原型冗余信息干扰[⑤]则不利于此类原型启发。由此可见，“原型导向”范式下科学创造问题的解决是包含多类认知要素和情绪成分在内的复杂过程。[⑥]

---

① 张庆林，田燕，邱江．顿悟中原型激活的大脑自动响应机制：灵感机制初探［J］．西南大学学报（自然科学版），2012，34（9）：1-10.

② 李亚丹，马文娟，罗俊龙，等．竞争与情绪对顿悟的原型启发效应的影响［J］．心理学报，2012，44（1）：1-13.

③ 张蕾．酒精对创造性问题解决过程中原型启发效应的影响及神经机制［D］．重庆：西南大学，2014.

④ 李文福，龚正霞，邱江，等．午睡剥夺对科学发明问题解决中的原型启发效应的影响［J］．心理发展与教育，2015，31（2）：165-170.

⑤ 赵燕梅，张庆林．顿悟中原型冗余信息对原型激活的干扰作用［J］．心理学探新，2013，33（4）：337-343.

⑥ Shen W B，Yuan Y，Liu C，et al. In search of the “Aha!” experience：elucidating the emotionality of insight problem-solving［J］. British Journal of Psychology，2016，107（2）：281-298.

2.2 “问题导向”范式

“问题导向”范式即先呈现情境问题材料，被试学习之后，随之呈现原型材料，要求被试在规定的时间内匹配情境问题与相应的原型材料，并解决问题[①]。实验流程见图2-2：

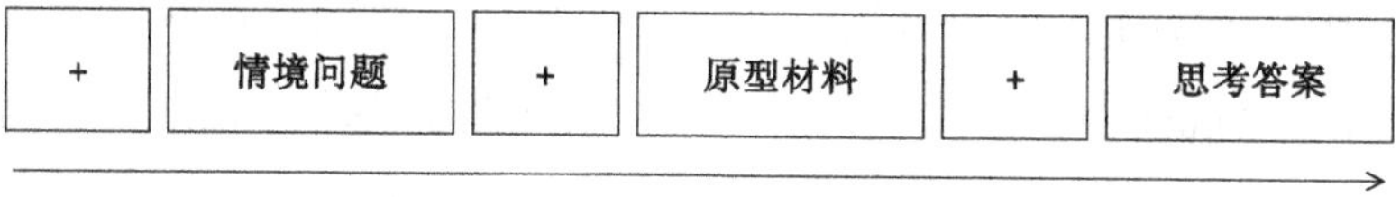

图2-2 “问题导向”范式实验流程

在解决实际问题时，人们往往大脑中先有问题才想到去解决，原型材料仅仅是为了问题而存在的。基于此，以问题为导向的范式开始得到关注。如有人采用“原型导向”与“问题导向”两种实验范式进行对比，分别进行了行为实验和fMRI实验，实验结果都指向了“问题导向”范式下更容易解决问题，而且这种效应会受个体创造性高低的影响[②][③]。

随后，“问题导向”范式正式成为研究科学创造原型启发机制的重要实验范式，并得到了广泛应用。如“问题导向”范式被用于探究科学创造中的直觉思维[④]、蔡格尼克效应[⑤]、自动响应[⑥]等。

---

① 朱海雪，罗俊龙，杨春娟，等.发明创造问题解决中的原型位置效应[J].心理科学，2012，35(1)：70-75.

② 朱海雪，杨春娟，李文福，等.问题解决中顿悟的原型位置效应的fMRI研究[J].心理学报，2012，44(8)：1025-1037.

③ 朱海雪，张庆林.创造性倾向对科学问题解决中原型位置效应的影响[J].心理与行为研究，2014，12(5)：616-620.

④ Ming D，Tong D D，Yang W J，et al.How can we gain insight in scientific innovation? Prototype heuristic is one key[J]. Thinking Skills and Creativity，2014，14：98-106.

⑤ 童丹丹，杨文静，李亚丹，等.发明问题解决中的蔡格尼克效应[J].科学通报，2015，60(36)：3583-3593.

⑥ 朱海雪，张庆林.科学发明问题解决中大脑自动响应机制再探[J].心理科学，2018，41(6)：1333-1338.

3 两种实验范式下促发顿悟的相同认知过程

通过前面梳理的两种实验范式下的原型启发机制可以发现，两种实验范式在原型启发认知过程中存在一定的相似性，而且已有脑科学研究证实了“原型导向”与“问题导向”之间存在共同激活的脑区。①这说明两种范式在顿悟的产生或问题解决中存在某种相同的认知过程，具体表现在文字的表征、相关的自动激活和自动响应过程上。

3.1 文字的表征

在“原型导向”与“问题导向”范式中均出现相应的文字材料，文字材料呈现之后，首先需要在大脑中对材料进行初加工，即表征过程。“原型导向”范式将原型材料进行文字表征并储存在大脑中，便于与呈现的问题表征后进行迅速匹配。②③同样，“问题导向”范式将情境问题材料进行文字表征，与呈现的原型材料表征后进行匹配。④大脑在这一认知过程中起的作用是一样的，主要体现在对材料的文字阅读上。对材料的文字表征是问题解决的第一步，也是大脑对呈现的材料（原型、情境问题）进行的粗加工，使大脑对阅读过的文字有印象，但达不到记忆的程度，这样才能更清晰地知道被试在情境问题解决中具体的思考过程。

① 朱海雪，杨春娟，李文福，等.问题解决中顿悟的原型位置效应的fMRI研究[J].心理学报，2012，44(8)：1025-1037.

② 田燕，罗俊龙，李文福，等.原型表征对创造性问题解决过程中的启发效应的影响[J].心理学报，2011，43(6)：619-628.

③ Luo J L，Li W F，Qiu J，et al.Neural basis of scientific innovation induced by heuristic prototype[J]. Plos One，2013，8(1)：e49231.

④ 朱海雪，罗俊龙，杨春娟，等.发明创造问题解决中的原型位置效应[J].心理科学，2012，35(1)：70-75.

3.2 相关的自动激活

在经过对文字材料的初步表征之后，将原型材料与情境问题材料储存在大脑中，在进行问题解决时，激活材料中的关键启发信息（可以击穿木船），进而解决问题[①]。如在“原型导向”范式下，先呈现的多个原型材料已经储存在大脑中，随后呈现多个情境问题（多个问题解决更符合顿悟的特点）。每个问题呈现时，学生需要在大脑中搜索用以解决这个问题的相应原型，将问题与先前学习的原型进行匹配，并将问题成功解决，这个过程即原型的自动激活。在“问题导向”范式下，先呈现多个情境问题，学生将这些问题进行初加工，然后带着问题在随后呈现的多个原型中搜索答案，并迅速将原型与未解决的问题进行匹配，这个过程即问题的自动激活。[②]从这两种范式下的问题解决的过程来看，都存在自动激活。自动激活已经被证实在原型启发中具有重要作用[③]，只有自动激活才能产生原型启发，顿悟才会发生。

3.3 自动响应

在经过了文字的表征、相关的自动激活之后，原型材料与情境问题匹配成功以后，问题才得以解决。在实验过程中，往往会出现一些例外，如在“原型导向”范式下，激活了原型，但是与问题匹配不成功[④]；抑或在“问题导向”范式下，激活了问题，但与原型材

① 张庆林.顿悟心理机制的实验分析[J].心理学杂志,1989,4(2):23-28.

② 朱海雪,罗俊龙,杨春娟,等.发明创造问题解决中的原型位置效应[J].心理科学,2012,35(1):70-75.

③ 曹贵康,杨东,张庆林.顿悟问题解决的原型事件激活:自动还是控制[J].心理科学,2006,29(5):1123-1127.

④ Tong D D,Zhu H X,Li W F,et al.Brain activity in using heuristic prototype to solve insightful problems[J]. Behavioural Brain Research,2013,253(18):139-144.

料失配。到底问题解决成功的关键在哪里？原因很可能在于，在两种范式下，原型与情境问题之间存在一种“语义联结”，这种联结会使二者之间产生自动响应，然后才使问题得到解决。产生自动响应的很重要的条件就是原型与情境问题之间存在语义上的相似性，或者说原型的“特征性功能”和问题的“需求性功能”之间存在语义相似性。[①]如上述“怎样使超音速飞机突破音障？”这一情境问题事例，原型表征“剑鱼上颌尖长且硬，可以击穿木船”与问题表征“寻找突破音障的装置”具有语义上的高度相似性。原型中的“可以击穿木船”即原型所包含的关键启发信息，激活了原型及关键启发信息，问题便得以解决。

4 两种实验范式下促发顿悟的不同认知过程

“问题导向”与“原型导向”范式虽然都能够促发顿悟的产生，但是二者在原型启发过程中还存在一定不同之处：一种为“激活问题”，一种为“激活原型”。具体表现为问题思考的心理准备、原型加工的深度、自动响应的难易不同。

4.1 问题思考的心理准备不同

在“问题导向”范式下，呈现情境问题后，首先在大脑中对问题进行表征，为问题思考提供了一个方向，并对问题解决中需要的关键技术和需要突破的障碍形成一种心理上的“准备状态”。[②]如对“怎样使超音速飞机突破音障，防止损坏飞机？”这一问题进行表征，

① 杨文静，靳玉乐，邱江，等.问题先导下语义相似性和原型难度对原型启发的影响[J].心理学报，2018，50(3)：260-269.

② 朱海雪，罗俊龙，杨春娟，等.发明创造问题解决中的原型位置效应[J].心理科学，2012，35(1)：70-75.

在大脑中做好准备，未解决的问题在大脑中留下的记忆更深，在大脑中产生一种蔡格尼克效应。[①]这种效应在呈现原型（剑鱼上颌尖长且硬，其高速游行时甚至可以击穿木船）的时候促进对原型的加工，激活其中的关键启发信息（上颌尖长且硬），并激活先前的问题，促发顿悟的产生。[②]而在“原型导向”范式下，原型材料先呈现，被试不能明确后面会用于解决哪些情境问题，情境问题呈现之后，无法对当前问题进行深入思考，在毫无准备的情况下只能与大脑中随意记忆的原型信息胡乱匹配，缺乏目标性与方向性，问题解决的正确率往往会降低。[③]

4.2 原型加工的深度不同

两种实验范式下科学创造对原型的加工深度不同。在“原型导向”范式下，被试由于缺乏问题的引导，对材料也不会做到精细加工，甚至只会停留在表面，原型的表征可能指向其食用价值、生活习性、天敌等，如看到剑鱼会想到吃起来很美味。当真正要解决的问题呈现时，需要重新将大脑中对原型的初始表征进行回忆。由于缺乏关键启发信息，难以对原型进行深加工，不利于问题的解决。[④]在“问题导向”范式下，被试由于提前对问题进行了思考，因此在解决问题时有一定的方向性。原型呈现时，被试可以有效提取和整合头脑中的信息，直接指向与问题解决有关的关键启发信息上，大

① 童丹丹，杨文静，李亚丹，等．发明问题解决中的蔡格尼克效应[J]．科学通报，2015，60(36)：3583-3593.

② 张庆林，邱江，曹贵康．顿悟认知机制的研究述评与理论构想[J]．心理科学，2004，27(6)：1435-1437.

③ Tong D D，Zhu H X，Li W F，et al.Brain activity in using heuristic prototype to solve insightful problems[J]. Behavioural Brain Research，2013，253(18)：139-144.

④ 赵燕梅，张庆林．顿悟中原型冗余信息对原型激活的干扰作用[J]．心理学探新，2013，33(4)：337-343.

脑自动将情境问题与原型相匹配。[①②]

4.3 自动响应的难易不同

从梳理的文献来看，两种范式下科学问题之所以能够解决，是由于原型与情境问题之间产生的自动响应在起重要作用[③]，但是两种范式下产生的自动响应的难易有所不同。在“原型导向”范式下，自动响应产生的条件为激活原型的“特征性功能”和问题的“需求性功能”，使二者之间产生自动联结，将问题解决[④]；而“问题导向”范式则相反，是从“需求性功能”到“特征性功能”。从问题需求出发，寻找解决问题的思路更符合蔡格尼克效应，也更利于问题解决。[⑤]有研究已经证实：将各个语句的语义联系起来形成整体表征并提出语义之间的问题比解决问题更重要。[⑥]因为语义之间的自动联结是自动响应产生的必要条件。从这个方面来看，在“问题导向”范式下产生自动响应比在“原型导向”下更容易些。这是因为在“问题导向”范式下个体可以更加有效地提取和整合大脑中的关键信息，更容易将已知的原理知识（原型）与实际问题相结合。[⑦]

---

① 朱海雪，罗俊龙，杨春娟，等.发明创造问题解决中的原型位置效应[J].心理科学，2012，35(1)：70-75.

② 杨文静，靳玉乐，邱江，等.问题先导下语义相似性和原型难度对原型启发的影响[J].心理学报，2018，50(3)：260-269.

③ 朱海雪，张庆林.科学发明问题解决中大脑自动响应机制再探[J].心理科学，2018，41(6)：1333-1338.

④ 张庆林，田燕，邱江.顿悟中原型激活的大脑自动响应机制：灵感机制初探[J].西南大学学报(自然科学版)，2012，34(9)：1-10.

⑤ 童丹丹，杨文静，李亚丹，等.发明问题解决中的蔡格尼克效应[J].科学通报，2015，60(36)：3583-3593.

⑥ Tong D D，Dai T E，Li W F，et al.An fMRI study for problem-finding in scientific inventional situation[J]. Acta Psychologica Sinica，2013，45(7)：740-751.

⑦ Bergstrom C M，Pugh K J，Phillips M M，et al.Effects of problem-based learning on recognition learning and transfer accounting for GPA and goal orientation[J].The Journal of Experimental Education，2016，84(4)：764-786.

5 小结与启示

5.1 小结

通过对以往文献的梳理可知，“原型导向”与“问题导向”两种范式都能促使顿悟的发生。从表面上来看，前者主要是激活了“原型”，后者主要是激活了“问题”；从内里来看，是因为原型与问题之间存在潜在的语义相似性。寻找事件之间潜在的语义相似性，是发明创造的一种有效方式。[①]正是由于原型的“特征性功能”和问题的“需求性功能”存在这种潜在的语义相似性，使之产生了自动响应[②]，被试才能够利用类比推理方式，将“原型”与“问题”进行匹配，从而成功解决问题[③]。可以看出，在这一过程中“激活”是顿悟问题解决的前提，而“原型”与“问题”之间的自动响应过程才是顿悟问题解决的关键。[④⑤]因此，本研究认为科学创造问题解决的本质在于原型与问题之间产生了自动响应。

未来的行为实验与脑神经科学研究可以对这一证据加以验证，实验范式上可以结合“原型导向”与“问题导向”两种范式的优点，创新采用“原型—问题—原型”三阶段范式，即被试首先学习原型，

① Green A E, Kraemer D J M, Fugelsang J A, et al.Neural correlates of creativity in analogical reasoning [J]. Journal of Experimental Psychology: Learning Memory and Cognition, 2012, 38(2): 264-272.

② 张庆林，田燕，邱江．顿悟中原型激活的大脑自动响应机制：灵感机制初探[J]．西南大学学报(自然科学版)，2012，34(9)：1-10.

③ 杨文静，靳玉乐，邱江，等．问题先导下语义相似性和原型难度对原型启发的影响[J]．心理学报，2018，50(3)：260-269.

④ 朱海雪，张庆林．科学发明问题解决中大脑自动响应机制再探[J]．心理科学，2018，41(6)：1333-1338.

⑤ 张庆林，田燕，邱江．顿悟中原型激活的大脑自动响应机制：灵感机制初探[J]．西南大学学报(自然科学版)，2012，34(9)：1-10.

随之呈现问题，并报告是否解决了这一问题，待所有问题测试完之后，再次随机呈现先前呈现过的原型，让被试报告刚才已解与未解的所有问题的答案。从这一过程来看，“原型—问题—原型”三阶段范式结合了“原型导向”与“问题导向”的优势，比“原型导向”或“问题导向”更符合现实解决问题的思维，因为未解决的问题在大脑中记忆更深刻。[①]如果原型对未解决的问题产生作用，则更利于顿悟的发生，也更能说明原型作为一种原理学习在顿悟中的重要性。未来的研究可以从脑科学角度继续探究，探索促使顿悟发生的内在本质，为顿悟原型启发研究提供更有价值的参考。

5.2 启示

本研究从不同范式角度探究科学创造顿悟的本质，有助于培养学生的创新能力，从不同的视角为培养创新人才提供借鉴。如“问题导向”范式可以为教师提供新的教学方式，教师可以以问题为导向，调动学生自主学习和自主思考，同时可以结合翻转课堂教学模式，将学生的创新学习能力充分发挥出来，体现学生学习的主人翁精神，促进学生创新能力的提升。还可以结合多模态脑影像技术，纵向追踪个体创造性发展的大脑结构和动态演变过程，总结出个体创造性发展的规律，预测个体的创新能力，并有针对性地对大脑可塑性进行训练[②③④]，这对提升个体的创新能力具有重要的意义和启示

① 童丹丹，杨文静，李亚丹，等.发明问题解决中的蔡格尼克效应[J].科学通报，2015，60(36)：3583-3593.

② Mills K L，Tamnes C K.Methods and considerations for longitudinal structural brain imaging analysis across development[J].Developmental Cognitive Neuroscience，2014，9：172-190.

③ Zabelina D L，Andrews-Hanna J R. Dynamic network interactions supporting internally-oriented cognition[J].Current Opinion in Neurobiology，2016，40：86-93.

④ Chen Q L，Beaty R E，Wei D T，et al.Longitudinal alterations of frontoparietal and frontotemporal networks predict future creative cognitive ability[J]. Cerebral Cortex，2018，28(1)：103-115.

价值，具体表现在以下几个方面：

（1）情境学习范式在科学创造顿悟中的作用不容忽视。通过构建富有挑战性和启发性的学习情境，可以激发学生的好奇心和探索欲，从而促进其在学习过程中产生顿悟。例如，模拟真实的科研环境，可以让学生在解决实际问题的过程中，体验科学发现的喜悦和挑战，从而培养其创新思维和问题解决能力。

（2）跨学科的教育模式也为研究科学创造顿悟提供了新的视角。整合不同学科的知识和方法，可以打破传统学科界限，为学生提供更为广阔的知识视野。这种跨学科的学习方式有助于学生在不同领域之间建立联系，从而在交叉点上产生新的创意和顿悟。

（3）在教学实践中，教师可以采用项目式学习（Project-Based Learning，PBL）的方法，让学生在完成具体项目的过程中，自主探索、合作交流，从而在实践中学习和创新。通过这种方式，学生不仅能够获得知识，还能够锻炼项目管理、团队协作和问题解决等多方面的能力。

（4）利用现代信息技术，如虚拟现实（VR）和增强现实（AR）技术，可以为学生创造沉浸式的学习体验。这些技术能够让学生在虚拟环境中进行实验和探索，从而在安全、可控的条件下进行创新尝试，激发其科学创造的潜能。

（5）教育者还应重视学生情感和心理因素在科学创造顿悟中的作用。培养学生的自信心、好奇心和坚持精神，可以为学生提供一个积极的心理环境，从而促进其在学习过程中更容易达到顿悟的状态。同时，情感教育可以帮助学生学会管理自己的情绪，让学生以更加开放和积极的心态面对学习中的挑战和失败，这对于培养其长期的创新能力具有不可忽视的作用。

值得注意的是，本研究对两种不同实验范式的优缺点进行了比较，可以发现，两种范式各有优缺点。因此，未来可以结合二者的优点，探索新的实验范式来研究原型启发效应，即在“问题导向”与“原型导向”之间构建一种混合范式，结合两者的优势，以期达到更高的问题解决效率。在这种混合范式中，情境问题的呈现与原型材料的展示是同步进行的。例如，在探讨如何设计一种新型的超音速飞机时，同时展示剑鱼高速游动的原型和超音速飞机的设计草图。这种做法使被试在大脑中同时进行问题表征和原型加工，从而在两者之间建立起一种即时的联系。

在混合范式下，被试在面对问题时，大脑中不仅激活了对问题的准备状态，还激活了与问题相关的原型信息。这种即时的激活促进了对原型信息的深入加工，使得被试能够更快地识别出原型中的关键启发信息，并将其应用到问题解决中。例如，通过观察剑鱼的上颌结构，设计师可能会受到启发，从而设计出新型的飞机前缘，以减少空气阻力并提高飞行速度。

此外，混合范式还鼓励被试在问题解决过程中进行更灵活的思维转换。在面对问题时，被试不仅需要对问题进行深入思考，还需要在大脑中不断搜索和匹配与问题相关的原型信息。这种思维转换有助于被试跳出传统思维的框架，从不同的角度审视问题，从而找到创新的解决方案。

然而，混合范式也存在一定的挑战。由于同时呈现问题和原型，被试可能会感到信息过载，难以集中精力深入思考问题或原型。因此，设计者需要精心挑选和呈现问题与原型，确保它们之间有足够的相关性，同时避免信息过载，以便被试能够有效地利用混合范式的优势。

总之，混合范式通过结合“问题导向”和“原型导向”范式的优势，为解决问题提供了一种新的视角。它不仅促进了对问题的深入思考，还激活了与问题相关的原型信息，从而提高了解决问题的效率和创新性。然而，如何平衡问题与原型的呈现，以及如何避免信息过载，仍然是混合范式需要解决的关键问题。

行为研究篇

第三章　科学创造中原型位置效应初探

1　引言

随着研究的深入与发展，原型启发理论也逐渐成熟起来，成为解释顿悟认知机制和脑机制的重要理论。表征方式不同，会对问题解决产生影响。“问题先导”与“原型先导”会产生对原型的不同表征方式：有问题导向的表征（“问题先导”）和无问题导向的表征（“原型先导”）。究竟怎样的表征原型才能更好地解决问题？在这里，原型位置主要是指“原型先导”和“问题先导”两种不同处理。所谓“原型先导”就是先呈现原型，学习完后再呈现情境问题并解决；“问题先导”是指先呈现情境问题，学习完后再呈现原型，并解决问题。原型位置不同导致的原型启发差异就是所谓原型位置效应。我们平时一般是在出现某个问题之后，带着这个问题去查资料，这似乎也可以看作带着问题表征原型。我们发现，所有创造过程都是由以下相互联系的环节构成的。首先，发明者遇到一个科学难题，这个难题在大脑中萦绕已久，成为大脑中的一个兴奋点，其激活阈值极低，很容易被自动激活。其次，他们偶然受到一个表面上与问题不相关的事物（原型）的启发，通过非逻辑的直觉思维一下子“发现”了解决难题的新思路，从而将问题解决。问题先存在于大脑中，然后受到偶然启发物的启发将问题解决，那么这是不是就意味着后出现原型更有利于问题的解决呢？这也是本研究想要验证的。出现原型位置效应是被试本身之间的差异还是与其他因素有关呢？科学创造问题的解决能力从某种角度可以反映出创造性的高低，那么创造性的高低是不是影响原型位置效应的因素呢？如果存在这种原型位置效应，那么其内在的脑机制又是怎样的呢？

创造性思维是复杂的，它到底是领域特殊性的呢？还是领域普遍性的呢？已有研究[①②③]表明，创造力兼具领域特殊性和领域普遍性两种特性，只不过不同评估方式导致不同特性的凸显。相对来说，任务模式多是基于创造性认知的观点，个体差异更主要是基于创造性人格的观点。之前关于创造性的研究大多采用一种模式，但逐渐也有少数研究采用多种方法交叉的模式，考察不同被试在不同任务上的差异，比如高、低创造性的被试完成具有高、低创造性的实验任务。[④]本研究也是将两种模式结合起来探究不同被试的不同原型位置效应。

原型启发的实验范式主要有“一对一”的实验范式（学习1个原型之后立即解决1个与之匹配的问题，类似于类比迁移的实验范式）和“多对多”的实验范式（学习多个原型之后解决多个问题，被试在面对每一个问题的时候都需要在多个原型中激活其中一个恰

① 刘春雷，王敏，张庆林．创造性思维的脑机制[J]．心理科学进展，2009，17(1)：106-111.

② Silvia P J, Kaufman J C, Pretz J E. Is creativity domain-specific? Latent class models of creative accomplishments and creative self-descriptions[J]. Psychology of Aesthetics, Creativity and the Arts, 2009, 3(3): 139-148.

③ Reiter-Palmon R, Illies M Y, Cobe C L, et al. Creativity and domain specificity: the effect of task type on multiple indexes of creative problem-solving[J]. Psychology of Aesthetics, Creativity and the Arts, 2009, 3(2): 73-80.

④ Chávez-Eakle R A, Graff-Guerrero A, García-Reyna J C, et al. Cerebral blood flow associated with creative performance: a comparative study[J]. Neuroimage, 2007, 38(3): 519-528.

当的原型，需要一种直觉思维）。[①②]

基于以上这些问题，本实验采用“科学创造实验问题材料库”中的材料，初步探讨科学创造问题解决中的原型位置效应，为后续对科学创造中原型启发效应的影响因素及脑机制的探究奠定基础。

2 方法

2.1 目的

探讨“原型先导”与“问题先导”即原型位置的不同，被试在原型启发问题解决中的反应是否有差异。

2.2 被试

某大学在校生12人，男女各6人，平均年龄21.3岁。由于本次实验的结果是原型启发材料建库实验预实验的统计结果，所以被试较少，被试做完实验后均有适量报酬。

2.3 材料

测试材料为“科学创造实验问题材料库”中的28个题目。建库实验预实验中，每个题目包括情境问题和原型两部分。原型是对情境问题的启发性材料，根据原型解决问题。原型对材料的启发性指标有两个：一个是反应时，即被试答对题目所用的时间；一个是正确率，即被试答对的题目数量。

① 吴真真，邱江，张庆林．顿悟的原型启发效应机制探索[J]．心理发展与教育，2008(1)：31-35.

② 邱江．有关顿悟问题解决认知机制的实验研究[D]．重庆：西南师范大学，2005.

例题1介绍：

情境问题：现代建筑的屋顶大多是平的，如果要设计一个超大型的大厅，就会遇到横梁过长而很难承受屋顶重负的问题。什么样的巧妙结构能够使大厅屋顶的跨度更大？

原型：薄薄的蛋壳能够把受到的压力均匀地分散到蛋壳的各个部分，所以能承受巨大的压力。

例题2介绍：

情境问题：海里含有大量的电解质，对用钢铁打造的船具有很大的腐蚀性，而用其他材料造船代价高，且强度不够。如何保护船体不被海水腐蚀？

原型：学生做电池的化学实验时发现，当铜棒与相对活跃的铁棒在电解液中用导线连接时有电流产生，并且铁棒质量减轻，铜棒质量没有变化。

例题3介绍：

情境问题：远洋航行的时候，多带淡水就必须少装货物，因此经常出现淡水缺乏的问题。科学家开始研究利用海水来制造淡水的设备。但传统的海水淡化方法是加热、蒸馏，不仅成本高，而且所需大量燃料也同样会增加船的负载。如何发明一种更可行的海水淡化装置？

原型：信天翁这种海鸟，用它鼻子里简单的“去盐器”就能使海水成为淡水。经过研究发现，信天翁的鼻孔像管道。在管道附近有盐腺，盐腺内有许多细管与血管交织在一起，能把喝下去的海水中过多的盐分过滤出来，并通过管道把盐溶液排出。

2.4 实验设计

本研究采取完全随机设计，12个被试中6人进行实验一，6人进行实验二。

2.5 程序

被试分别进入各自独立的房间内，一个房间内有一个主试。本实验采用一对一形式，由主试判断被试回答得是否正确。每个房间配备Pentiunr IV计算机、显示器和椅子。采用E-prime软件编程，完成实验材料的随机呈现并自动记录被试的反应时。本研究包括两个实验，一个是先呈现情境问题再呈现原型材料，另一个是先呈现原型材料再呈现情境问题。每个被试要先完成控制组（只出现情境问题）的题目，这类题目要求被试自己想出解决方法，完成这些题目，才能进入下面的实验。

实验一：情境+原型

先让被试坐在电脑前，看着屏幕，手放在键盘上，一切准备就绪后开始实验，流程如下：主试将被试的序号输入电脑中，告诉被试开始实验，屏幕上出现指导语，被试理解指导语后按空格键，屏幕上呈现一个情境问题，被试迅速理解，理解后按空格键（时限为1分钟，1分钟后还未理解自动进入下一步），接着屏幕上出现一段原型材料，对前面的问题有一定的提示作用，被试迅速理解原型材料，在理解材料的过程中想出解决问题的方法，想到后迅速按空格键报告结果，主试判断结果是否正确，若正确，按S键进入下一题，反应时为第一次按键报告时的时间，若不正确，主试按A键返回至情境问题，被试继续思考，想到答案后第二次按键报告，直到正确为止，最后正确的那次为最终反应时，时限为2分钟，如果被试在2分钟内未回答出来，此题反应时为120 s，正确率为0。28个题目的程序相同。

实验二：原型+情境

先让被试坐在电脑前，看着屏幕，手放在键盘上，一切准备就绪后开始实验，流程如下：主试将被试的序号输入电脑中，告诉被试开始实验，屏幕上出现指导语，被试理解指导语后按空格键，屏幕上呈现一段原型材料，被试迅速理解，理解后按空格键（时限为1分钟，1分钟后还未理解自动进入下一步），接着屏幕上出现一个情境问题，问题与之前材料有联系，被试想到答案后迅速按空格键报告结果，主试判断结果是否正确，若正确，按S键进入下一题，反应时为第一次按键报告时的时间，若不正确，主试按A键返回至情境问题，被试继续思考，想到答案后第二次按键报告，直到正确为止，最后正确的那次为最终反应时，时限为2分钟，如果被试在2分钟内未回答出来，此题反应时为120 s，正确率为0。28个题目的程序相同。

3 结果

记分的具体过程是：评分者把被试按键之后的“口头报告答案”划分为3种情况（没有激活原型也没有正确解决问题；只激活原型而没有正确解决问题；激活原型并能运用其中的关键启发信息正确解决问题），然后进行记分（第一、二种情况记0分，第三种情况记1分）。例如，对于问题“怎样使宇航服既有硬度又能自由弯曲呢?”（其原型是：煮熟的虾子，其身体部分的外壳既坚硬又可以弯曲）。如果被试的回答是“使宇航服的材料更厚更坚硬”，这样其实没有激活原型也没有解决问题，只是对问题的重复，这种情况记0分；如果被试回答“做成虾壳状”，这样只是激活了原型而没有解决问题，也记0分；如果被试回答“仿照煮熟虾子的外壳既坚硬又可以弯曲的原理，将宇航服需要自由弯曲的部位做成虾子外壳的样子”，则为正确答案，记1分。对于少数不一致的记分结果由主试最后审核、确定。见表3-1。

表3-1　实验组和控制组正确率、反应时统计结果

组别	N	正确率	反应时/s
控制组	28	0.175	107.52
问题先导	28	0.957	33.179
原型先导	28	0.893	40.725

进一步进行重复方差分析发现，问题先导组与原型先导组的正确率和反应时均显著高于控制组（$p < 0.01$），问题先导组与原型先导组的正确率没有显著差异（$p > 0.05$），在反应时维度上问题先导组与原型先导组差异显著（$F = 214.311$，$p < 0.01$），且问题先导组的反应时显著短于原型先导组的反应时。

4　讨论

4.1　原型对问题的启发作用探讨

在解决科学创造问题的过程中，当找不到解决方法时，有时候会偶然碰到一个表面上看似与问题无关的事物却从中得到了解决问题的新思路，这个时刻即灵感闪现。在科学探索之路上，灵感闪现往往伴随着对日常生活的细致观察和思考。比如，牛顿在树下休息时，一个偶然落下的苹果让他开始思考万有引力的奥秘，从而奠定了经典力学的基础。同样，居里夫人在研究放射性物质时，注意到铀矿石的特殊发光现象，这促使她和她的丈夫皮埃尔·居里进行深入研究，最终发现了镭和钋两种新元素。在现代科技领域，这样的故事也屡见不鲜。比如，詹姆斯·戴森在修理吸尘器时，对传统吸尘器过滤袋效率的低下感到不满，从而激发他设计出一种新型的无袋吸尘器，最终创立了戴森公司。谷歌的创始人拉里·佩奇和谢尔盖·布林在研究网页排序算法时，受到学术论文引用关系的启发，开发出了PageRank算法，为搜索引擎的发展奠定了基石。这些例子说明，科学发明的具体认知过程是由互相联系的两个认知环节构成的。第一，发明者遇到一个萦绕在大脑中的难题，这个问题成为大脑中的一个兴奋点，其激活阈值极低，很容易被自动激活。第二，后来在偶然间遇到一个表面上与之前的问题不相关的事物的时候，发现了这个事物和问题之间的联系（问题的自动激活），并从这个事物（原型）中得到启发，通过非逻辑的直觉思维一下子“发现”了解决难题的新思路。

科学发明者在遇到表面上与之前的问题不相关的事物（原型）的时候，如何从中受到启发并发现解决难题的新思路（问题的自动激活），是大脑的“神秘”机制——顿悟（或灵感闪现）的认知机制在起作用。这种认知机制往往在不经意间起作用：当科学家们在日常生活中观察到一些看似无关紧要的现象时，他们的大脑会自动地将这些信息与已有的知识体系进行关联。这种关联并非总是显而易见的，有时需要经过长时间的潜意识处理，直到某个瞬间，灵感突然闪现，问题的解决方法便清晰地呈现在眼前。为了更好地利用这种认知机制，科学家们常常会进行跨学科的学习和研究。他们通过广泛涉猎不同领域的知识，使得大脑能够接触到更多种类的原型，从而增加触发灵感的机会。此外，多与他人交流、参加各种研讨会和讲座，也有助于拓宽视野，产生新的思考角度。然而，顿悟并非总是可遇不可求。通过培养一种开放的心态，保持好奇心和对新事物的敏感性，可以提高触发顿悟的概率。同时，保持良好的休息和放松，也有助于大脑在潜意识中进行信息的整合，进而促进创新思维的产生。

只出现情境问题，让被试自己想到解决问题的方法，对被试来说有难度。不同专业、不同性别的被试在回答问题上都有所不同，他们进行的是发散思维的思考，答案多种多样，这样被试思考范围较宽，导致他们解决问题难免会偏离方向，从而使反应时增加。再者就是被试想到的方法可能也能解决问题，但主试却加以否定，直到被试得出与原型相似的答案，这也是反应时增加的原因之一。在出现原型之后，问题就变得简单了，被试根据原型可以正确找出解决问题的方法，反应时也相对缩短，这说明原型对问题解决具有启发作用。

总之，顿悟作为一种认知机制，是科学创造中不可或缺的一部分。通过不断地学习、观察和思考，科学家们可以更好地利用这种机制，发现新的解决科学难题的方法，推动科学的进步。

4.2 原型位置效应探讨

原型对问题解决具有启发作用，上文已经探讨过，但是原型出现的位置不同，被试解决问题的反应时为什么也不同？先出现原型和后出现原型为什么对问题解决有这么大的影响？下面进行讨论。先出现情境问题，再出现原型，被试首先理解情境问题，理解之后迅速按键而出现原型，看到原型之后，他会很快地将原型与问题结合起来，根据原型解决问题，这一过程中被试没有对原型进行很细致的理解，因为被试看到原型之后，答案是很明显的，不需要再浪费时间理解原型，因而能够很快解决问题。相反，先出现原型再出现情境问题的情况下，被试看到原型时不知道后面会出现什么样的问题，所以要把原型阅读仔细，达到理解的程度，以便后面问题的解决，因而在理解原型上花费了一定的时间。理解原型之后出现相应的情境问题，被试还需要理解问题并与前面的原型进行匹配，有的被试甚至忘记了前面刚出现过的原型，最终导致问题没有正确回答出来或者回答正确了但反应时很长。

5 结论

原型对问题解决有很大的启发作用；原型位置对原型启发问题的解决有影响，先出现情境问题再出现原型，被试的反应时显著短于先出现原型再出现情境问题时的反应时。

原型位置效应对创造性人才的培养具有重要的启示意义。

首先，教育者和培训师应当意识到，在教学过程中，课程的开始和结束阶段是关键时期，应当充分利用这些时段传授重要概念和关键技能。通过在课程的起始阶段引入创造性问题解决的案例，可以激发学生的兴趣和好奇心，为学生创造性思维的培养打下基础。在课程结束时，通过总结和回顾，强化学生对创造性思维方法的理解和记忆。

其次，创造性人才的培养不应仅限于课堂教育，而应贯穿于整个学习过程。因此，教育者可以设计一系列的项目和活动，让学生在实践中不断尝试和探索，从而让学生在学习的各个阶段都能体验到对创造性思维的运用。通过这种方式，学生在学习的“中间部分”也能够保持高度的参与度和创造性思维的活跃。

最后，教育者应当鼓励学生发展自我驱动力，使他们能够在学习过程中自主地学习知识。教师提供丰富的资源和多样化的学习途径，学生可以按照自己的学习节奏和兴趣点进行探索，从而在学习的各个阶段都能保持创造性思维的活跃。

综上所述，原型位置效应对创造性人才培养的启示在于，教育者需要在教学设计中重视课程的起始和结束阶段，同时创造一个持续激发学生创造性思维的学习环境，并培养学生的自主学习能力。通过这些方法，可以有效地促进创造性人才的培养。

第四章　科学创造中原型位置效应机制验证[①]

1　引言

创造性也称创造力，多数心理学家将其定义为个体产生新颖奇特且具有实用价值的观点或产品的能力。按照这个定义，创造性有两个关键要素：新颖性和适用性。创造性思维是创造性的核心，它要求人们在面临创造性问题时，不能用常规方法解决，否则容易陷入百思不得其解的境地。这个时候就需要人们打破一般性、习惯性的常规，突破陈腐的观念，克服思维上的重重障碍，以新的方式解决当前问题。为了培养创造性思维，个体需要不断地挑战自我，拓展知识面，涉猎不同领域的信息和知识，这不仅有助于激发灵感，还能促进跨学科的思维碰撞，从而产生创新的火花。同时，创造性思维的培养也需要一个开放和包容的环境，鼓励尝试和容错，因为许多创新的想法在初始阶段往往看起来不切实际甚至荒谬。此外，创造性思维的培养还离不开持续的实践和反思，通过不断地尝试和改进，个体能够逐渐掌握如何在复杂多变的情境中灵活运用创造性思维。例如，艺术家通过反复创作和修改，科学家通过实验，企业家通过市场调研和商业模式调整，都能锻炼和提升创造性思维。总

① 原文刊于《心理科学》2012年第1期，收入本书时有修改。

之，创造性思维是个体适应快速变化的社会和解决复杂问题不可或缺的能力。通过不断学习、实践和反思，以及在开放包容的环境中不断挑战自我，个体能够逐步提升自己的创造性思维，从而在各自的领域中取得创新和突破。

目前有关顿悟认知机制的认识仍然没有达成共识，存在两种有影响的观点：以 Kaplan 和 Simon 为代表的表征转变理论；以 Ormerod 和 Chronicle 为代表的进程监控理论。虽然表征转变理论与进程监控理论都论述了顿悟的认知机制，但两者处于不断的争论当中，并未取得一致性的意见。

张庆林及其团队基于现实生活中的创造发明的思维机制提出了顿悟的原型启发理论①，他们认为现实生活中的创造性思维主要是通过原型启发来实现的。在解决问题的思考过程中，如果能够在大脑中激活恰当的原型及其所包含的关键启发信息，那么顿悟就能够发生。这里所说的"激活"，是指将原型事件（及其启发信息）与当前问题进行联系，并指引当前问题空间的启发式搜索，从而促使当前顿悟问题的顺利解决。顿悟的原型启发理论提出以后，先后得到了一些实验的初步检验和证实。

以前的研究采用的火柴问题、蜡烛问题、双绳问题、九点问题等都不能在实验中重复使用，而且只有为数不多的几个问题，这些问题的性质、特征、复杂程度等也都各不相同，不具备等值性。采用谜语和汉字字谜作为实验材料在一定程度上解决了实验材料的数量问题，但是它们都属于人工性的问题，生态效度往往不高。而与现实生活密切相关的创造性思维机制的研究不能脱离实际问题。因此，该领域的研究需要在实验材料上打破人工性的限制，采用更符合现实中创造性

① 张庆林，邱江，曹贵康. 顿悟认知机制的研究述评与理论构想[J]. 心理科学，2004，27(6)：1435-1437.

思维产生的科学创造问题为实验材料。

表征方式不同，会对问题解决产生影响。原型“在前”与“在后”会产生原型的不同表征方式，一种是不带问题表征，一种是带着问题表征。哪种方式更利于解决问题，以及原型位置效应是否受创造性的影响，是本研究所要关注的问题。本研究采用与实际相联系的科学创造问题为实验材料，采用“一对一”的实验范式，探讨科学创造问题解决中的原型位置效应。在这里主要考察创造性倾向不同的人在科学创造问题解决中的原型位置效应。创造性倾向的高低是根据《威廉斯创造力倾向测验量表》得分的高低划分的，测验总分在前18名的为高创造性倾向组，测验总分在后18名的为低创造性倾向组。在这个量表中，创造性倾向包括冒险性、好奇心、想象力、挑战性四个因素，该量表被广泛应用且被认为具有较好的信效度。[①②]

2 方法

2.1 被试

某大学在校生54人，男女生各半，平均年龄21.8岁，视力或矫正视力正常，均未接触过本实验的测试材料，且有初步的电脑操作技能，做完实验后均获取适量报酬。依据《威廉斯创造力倾向测验量表》的得分，将被试分为两组（高创造性倾向组和低创造性倾向组）。

《威廉斯创造力倾向测验量表》的信度系数在0.549～0.670，达

① 王立永，李小平，张金秀.大学生创造性倾向特点的研究[J].高校保健医学研究与实践，2006，3(3)：14-17.

② 张丽华，胡领红，白学军.创造性思维与分心抑制能力关系的汉字负启动效应实验研究[J].心理科学，2008，31(3)：638-641.

到0.01显著水平；其分半信度系数为0.845，具有较高的内部一致性。该测验包括50个题目，分为冒险性、好奇心、想象力、挑战性4个维度，测验后可得4项分数，加上总分，共得5项分数，测验采用三级记分方式。

2.2 原型启发测试材料的选取

通过书籍、电视、互联网、报刊等途径在各个学科领域内收集最新科学创造中的原型启发的实例。这些材料都是科学家受某种原型的启发而解决科学创造问题的真实事件。根据这些材料最终编制了36个测试题目，每个测试题目包括两部分：原型和情境问题。

在材料编制过程中对每个题目进行了一系列测试，每个题目的正确率和反应时指标有两个：正确率1（指只呈现情境问题时的正确率），对应的反应时为反应时1；正确率2（学习原型后解答情境问题的正确率），对应的反应时为反应时2。运用这两个指标可以计算原型启发量，原型启发量=正确率2−正确率1。

本实验将这36个测试题目分为高、低启发量两组。高启发量组，平均启发量 = 0.73，SD = 0.09，低启发量组，平均启发量 = 0.29，SD = 0.13，两组的平均启发量之间差异显著［$t(34) = 11.85$，$p < 0.001$］。

为了研究高、低启发量和原型位置效应的交互作用，实验中将36个测试题目分为两组，每组材料均包括9个高启发性题目和9个低启发性题目。第一组题目，平均启发量 = 0.53，SD = 0.25，第二组题目，平均启发量 = 0.49，SD = 0.25，两组之间差异不显著［$t(34) = 0.432$，$p > 0.05$］。

2.3 实验设计

本实验是2 × 2 × 2的混合实验设计，自变量1（组内变量）是原型位置，包括两个水平（先原型和后原型）；自变量2（组内变量）是启发量，包括两个水平（高启发量和低启发量）；自变量3（组间变量）是依据创造性倾向测验得分而分的高创造性倾向组和低创造性倾向组。因变量是被试解决问题时的反应时和正确率。

2.4 程序

本实验采取单独施测的方式，每个房间配备一台PC型计算机和椅子，被试分别进入各自独立的房间内，被试首先完成《威廉斯创造力倾向测验量表》，完成后每个房间内安排一个主试，由主试记录并判断被试对每一个测试题目的报告是否正确。程序采用E-prime软件编程，完成实验材料的随机呈现并自动记录被试的反应时。

先原型实验程序：屏幕上出现关于实验任务的指导语，被试理解指导语后按空格键；然后屏幕上呈现一个原型的文字材料，被试理解原型后迅速按空格键，此时记录阅读原型的反应时（原型呈现时限为60 s，60 s后还未理解自动进入下一步）；接着呈现一个情境问题，被试迅速理解问题并想出解决问题的方法，想到方法后就迅速按空格键报告结果（时限为90 s，90 s后还未想到答案自动进入下一题）；主试判断结果是否正确。稍后测试第二题，重复前面的步骤，直到18个题目全部测完。

后原型实验程序：屏幕上出现关于实验任务的指导语，被试理解指导语后按空格键；然后屏幕上呈现一个情境问题，被试理解问题后迅速按空格键记录反应时（情境问题呈现时限为60 s，60 s后还未理解自动进入下一步）；接着呈现一个原型的文字材料，被试迅速理解原型并想出问题的解决方法，想到后迅速按空格键报告结果（时限为90 s，90 s后还未想到解决方法自动进入下一题）；主试判断结果是否正确。稍后测试第二题，重复前面的步骤，直到18个题目全部测完。

先、后原型实验的中间有60 s的休息时间。

为了更好地控制无关变量的影响，实验采用平衡抵消设计：一组被试按“先原型—后原型”实验顺序，另一组按“后原型—先原型”实验顺序；先原型组和后原型组都是一半被试以第一组题目作为先原型题目，以第二组题目作为后原型题目，另一半被试则以第二组题目作为先原型题目，以第一组题目作为后原型题目。

3 结果

3.1 创造性倾向的测验及记分标准

高、低创造性倾向的测验和分组采用《威廉斯创造力倾向测验量表》。结果表明，两组被试之间在创造性倾向的总分上差异显著，t（34）$= 9.94$，$p < 0.01$。在冒险性、好奇心、想象力、挑战性4个因子的得分上两组差异都显著，分别为t（34）$= 10.44$，$p < 0.01$；t（34）$= 11.11$，$p < 0.01$；t（34）$= 12.01$，$p < 0.01$；t（34）$= 8.43$，$p < 0.01$。

记分的具体过程是：评分者把被试按键之后的“口头报告答案”划分为3种情况（没有激活原型也没有正确解决问题；只激活原型而没有正确解决问题；激活原型并能运用其中的关键启发信息正确解决问题），然后进行记分（第一、二种情况记0分，第三种情况记1分），每一个被试得分、每一种处理的分值范围都是0～18分。例如，对于问题“怎样使宇航服既有硬度又能自由弯曲呢?”（其原型是，煮熟的虾子，其身体部分的外壳既坚硬又可以弯曲），如果被试的回答是“使宇航服的材料更厚更坚硬”，这样其实没有激活原型也没有解决问题，只是对问题的重复，这种情况记0分；如果被试回答“做成虾壳状”，这样只是激活了原型而没有解决问题，记0分；如果被试回答“仿照煮熟虾子的外壳既坚硬又可以弯曲的原理，将宇航服需要自由弯曲的部位做成虾子外壳的样子”，则为正确答案，记1分。两名评分者各自独立记分，一致性高于90%（r = 0.912），对于少数不一致的记分结果由主试最后审核、确定。

3.2 科学创造问题解决得分与创造性倾向得分的相关性分析

本实验的36个科学创造问题解决的测试总分与创造性倾向各项分数之间的相关系数见表4–1。

表4–1 科学创造问题解决得分与创造性倾向得分之间的相关系数

		总分	冒险性	好奇心	想象力	挑战性
科学创造问题解决得分	*r*	0.42	0.36	0.43	0.33	0.24
	sig	0.001	0.008	0.001	0.014	0.08
	N	54	54	54	54	54

从表中可以得出：科学创造问题解决得分与创造性倾向测验总分，以及冒险性、好奇心、想象力3个因子得分显著相关；其中科学创造问题解决得分与创造性倾向测验总分、冒险性、好奇心的相关在0.01水平上显著，科学创造问题解决得分与想象力的相关在0.05水平上显著。科学创造问题解决得分与创造性倾向得分之间有显著的相关，说明本研究中测试的科学创造问题解决能力的高低与创造性倾向有关，但两者只有中等偏上程度的相关。下面将分别从科学创造问题解决能力与创造性倾向两个角度分析原型位置效应。

3.3 创造性倾向、启发量和原型位置效应的关系

创造性倾向×启发量×原型位置的实验结果见表4–2。

表 4-2　创造性倾向不同的组在不同原型位置上的正确率和反应时

	组别	被试人数	正确率	反应时/s
高启发量	高创造性倾向、先原型	18	0.81 ± 0.14	39.60 ± 8.43
	高创造性倾向、后原型	18	0.92 ± 0.26	33.72 ± 7.46
	低创造性倾向、先原型	18	0.69 ± 0.25	50.55 ± 8.94
	低创造性倾向、后原型	18	0.78 ± 0.22	40.67 ± 7.18
低启发量	高创造性倾向、先原型	18	0.67 ± 0.28	41.32 ± 7.37
	高创造性倾向、后原型	18	0.77 ± 0.18	34.18 ± 7.35
	低创造性倾向、先原型	18	0.53 ± 0.15	58.38 ± 7.72
	低创造性倾向、后原型	18	0.61 ±0.26	42.80 ± 8.26

根据《威廉斯创造力倾向测验量表》得分的高低将被试分为高创造性倾向组与低创造性倾向组，然后进行2（原型位置）×2（启发量）×2（得分高低）重复测量方差分析。结果发现，原型位置主效应显著［$F(1,34)=35.26$，$p<0.001$］，后原型组得分显著高于先原型组；创造性倾向主效应显著［$F(1,34)=56.42$，$p<0.001$］，高创造性倾向组得分高；启发量主效应显著［$F(1,34)=74.50$，$p<0.001$］。

创造性倾向×原型位置交互效应显著［$F(1,34)=4.91$，$p<0.05$］，进行简单效应分析后发现：高创造性倾向组在原型位置处理上差异显著［$F(1,34)=10.23$，$p<0.01$］；低创造性倾向组在原型位置处理上差异更加显著［$F(1,34)=40.11$，$p<0.001$］。p值的差异，说明原型位置效应随创造性倾向的降低而显著提高。在先原型条件下，高、低创造性倾向被试之间的差异显著［$F(1,34)=36.83$，$p<0.001$］；在后原型条件下，高、低创造性倾向被试之间的差异显著［$F(1,34)=13.56$，$p<0.01$］。p值的差异，说明在先原型条件下高、低创造性倾向被试之间的差异更加显著。

启发量×创造性倾向交互作用显著［$F(1,34)=5.12$，$p<0.05$］，进行简单效应分析后发现：高创造性倾向组在解决不同启发

量题目上差异显著［$F(1, 34) = 12.34$，$p < 0.01$］，低创造性倾向组在解决不同启发量题目上差异更加显著［$F(1, 34) = 57.28$，$p < 0.001$］。p值的差异，说明低创造性倾向组在解决问题时更易受到启发量的影响。在高启发量条件下，高、低创造性倾向被试之间的差异显著［$F(1, 34) = 6.28$，$p < 0.05$］；在低启发量条件下，高、低创造性倾向被试之间的差异显著［$F(1, 34) = 14.32$，$p < 0.01$］。p值的差异，说明在低启发量条件下高、低创造性倾向被试之间的差异更加显著。

启发量×原型位置交互作用不显著［$F(1, 34) = 1.46$，$p > 0.05$］，创造性倾向×启发量×原型位置交互作用不显著［$F(1, 34) = 0.52$，$p > 0.05$］。

进一步分析各因子的原型位置效应也发现：好奇心、挑战性与原型位置交互作用显著，原型位置效应随好奇心、挑战性的降低而显著；好奇心、挑战性与启发量交互作用显著，低好奇心、低挑战性组在解决问题时更易受到启发量的影响。与上面结果一致。

3.4 科学创造问题解决得分和启发量、原型位置效应的关系

科学创造问题解决得分×启发量×原型位置的实验结果见表4-3。

表4-3 科学创造问题解决能力不同的组在不同原型位置上的正确率和反应时

	组别	被试人数	正确率	反应时/s
高启发量	先原型问题解决高分组	18	0.82 ± 0.14	37.36 ± 7.24
	后原型问题解决高分组	18	0.93 ± 0.13	32.11 ± 8.29
	先原型问题解决低分组	18	0.65 ± 0.17	49.71 ± 7.62
	后原型问题解决低分组	18	0.79 ± 0.22	42.55 ± 7.03
低启发量	先原型问题解决高分组	18	0.70 ± 0.13	41.96 ± 8.30
	后原型问题解决高分组	18	0.78 ± 0.18	38.16 ± 6.72
	先原型问题解决低分组	18	0.50 ± 0.15	50.36 ± 7.81
	后原型问题解决低分组	18	0.61 ± 0.21	42.13 ± 7.29

根据本研究科学创造问题解决得分的高低将被试分为高分组与低分组，然后进行2（原型位置）×2（启发量）×2（得分高低）重复测量方差分析。结果发现，科学创造问题解决得分和原型位置交互效应显著［$F(1, 34) = 4.63$，$p < 0.05$］，进行简单效应分析后发现：高分组在原型位置处理上差异显著［$F(1, 34) = 92.81$，$p < 0.001$］；低分组在原型位置处理上差异更加显著［$F(1, 34) = 138.89$，$p < 0.000$］。p值的差异，说明原型位置效应随科学创造问题解决得分的降低而更加显著。在先原型条件下，高、低创造性倾向被试之间的差异显著［$F(1, 34) = 31.28$，$p < 0.001$］；在后原型条件下，高、低创造性倾向被试之间的差异显著［$F(1, 34) = 11.56$，$p < 0.01$］。p值的差异，说明在先原型条件下高、低创造性倾向被试之间的差异更加显著。

启发量×科学创造问题解决得分交互作用显著［$F(1, 34) = 6.71$，$p < 0.05$］，进行简单效应分析后发现：高分组在解决不同启发量题目上差异显著［$F(1, 34) = 35.01$，$p < 0.01$］；低分组在解决不同启发量题目上差异更加显著［$F(1, 34) = 60.28$，$p < 0.001$］。p值的差异，说明低创造性倾向组在解决问题时更易受到启发量的影响。在高启发量条件下，高、低创造性倾向被试之间的差异显著［$F(1, 34) = 7.26$，$p < 0.05$］；在低启发量条件下，高、低创造性倾向被试之间的差异显著［$F(1, 34) = 10.32$，$p < 0.01$］。p值的差异，说明在低启发量条件下，高、低创造性倾向被试之间的差异更加显著。

启发量×原型位置交互作用不显著［$F(1, 34) = 0.94$，$p > 0.05$］，科学创造问题解决得分×启发量×原型位置交互作用不显著［$F(1, 34) = 2.12$，$p > 0.05$］。

4 讨论

本研究选取36个科学创造实验问题为实验材料，操纵了原型呈现的位置（在情境问题之前或之后）、问题启发量的高低、被试的创造性倾向的高低，探讨科学创造问题解决中的原型位置效应和一些影响因素，以探讨科学创造中原型启发的作用机制。

4.1 本实验科学创造问题的效度

在本研究中，创造性倾向是采用量表测得的，已有的许多研究也采用创造性倾向测验来研究个体的创造性，已有研究还发现创造性人格具有稳定性，即“跨时间的一致性”。[①②]本研究采用的科学创造问题解决测试是一种认知能力测试，结果发现，这种能力测试的得分和创造性倾向测试的得分有显著的相关，这在一定程度上可以说明科学创造问题解决测试能够有效测量个体的创造性，可以用于创造性问题的研究。本研究结果也说明，科学创造问题解决测试的得分可以预测个体的创造性倾向，这也证明本研究的科学创造问题的生态效度和预测效度较高。

然而，尽管本研究的发现具有一定的启示意义，但其结果仍需谨慎解读。首先，测试样本的代表性是一个需要关注的问题。本研究的参与者有着特定的教育背景和年龄段，这可能限制了结果的普遍性。未来的研究应扩大样本范围，包括不同文化程度、年龄和教育背景的个体，以验证本研究结果的普适性。

其次，尽管科学创造问题解决测试的得分与创造性倾向测试的

---

① 张庆林，Sternberg R J. 创造性研究手册[M]. 成都：四川教育出版社，2002.

② 王立永，李小平，张金秀. 大学生创造性倾向特点的研究[J]. 高校保健医学研究与实践，2006，3(3)：14-17.

得分之间存在显著相关，但相关系数的大小也提示我们，除了认知能力之外，可能还有其他因素在影响个体的创造性表现。例如，动机、情绪状态、社会环境等因素都可能对个体的创造性产生重要影响。因此，未来的研究可以考虑将这些变量纳入考量范围，以更全面地理解创造性问题解决的机制。

再次，本研究的测试方法主要侧重于个体在实验室环境下的表现，而创造性在现实世界中更为复杂多变。因此，未来的研究可以探索将实验室测试与真实世界情境相结合的方法，以提高科学创造问题解决测试的生态效度。例如，可以设计一些实际项目或挑战，让参与者在真实的工作环境中展示其创造性解决问题的能力。

最后，本研究的发现为教育和培训领域提供了新的视角。如果科学创造问题解决测试能够有效预测个体的创造性倾向，那么这一工具可以用于教育评估和人才选拔。通过早期识别具有高创造性倾向的个体，教育者可以为他们提供更有针对性的培养方案，从而促进其创造性潜能的发挥。

综上所述，本研究为科学创造问题解决测试在创造性研究中的应用提供了初步证据，但未来的研究需要在样本代表性、影响创造性因素的多样性、测试的生态效度以及实际应用等方面进行深入探讨。通过这些努力，我们有望更全面地理解科学创造问题解决的本质，并为培养和提升个体的创造性提供科学依据。

4.2 原型位置效应

原型“在前”与“在后”会产生对原型的不同表征方式，结果表明，尽管总的思考时间相同，但带着问题表征原型（后原型）更利于问题解决。为什么会出现后原型位置的正效应？这说明了原型启发怎样的作用机制呢？这或许与原型位置不同导致了对原型的不同性质的表征有关。

在先呈现原型、后呈现情境问题（先原型组）的条件下，被试在没有明确问题的情况下对原型进行加工和表征，很难在对原型的表征中突出其中的关键启发信息，因此需要将整个原型的各种属性或各个方面的信息不分轻重地都加以表征，这样情境问题呈现之后，被试将更难在原型表征的各种信息中提取对眼前问题有启发作用的关键信息，所以正确率更低，反应时更长。而且实验结果还表明，带着问题表征原型与创造性倾向有交互作用。这些结果对于理解创造性思维的本质具有理论意义，对于创造性教育教学具有一定的实践价值。

然而，在先呈现情境问题、后呈现原型（后原型组）的条件下，情况则有所不同。在这种情况下，被试在接触到原型之前，已经对即将面对的情境问题有了一个初步的认识和预期。因此，当原型呈现时，被试能够有针对性地对原型进行加工和表征，着重关注那些与情境问题相关的信息。这种有目的的加工方式使被试在原型表征中能够更好地抓住关键启发信息，从而在情境问题呈现之后，能够更快地从原型表征中提取出对解决问题有帮助的关键启发信息，因此正确率更高，反应时更短。研究还发现，被试在后原型组条件下，其创造性思维的流畅性、灵活性和独创性表现得更为突出。这可能是因为在有明确问题导向的情况下，被试更容易激发其内在的探索动机和解决问题的欲望，从而促进其创造性思维的发展。这种现象在教育实践中具有重要的启示意义，即在教学过程中，教师可以通过提出具有挑战性的问题，激发学生的好奇心和探索欲，从而促进学生创造性思维能力的提升。

综上所述，本研究揭示了情境问题呈现顺序对原型加工和创造性思维的影响，强调了问题导向在创造性思维中的重要作用。这些发现不仅丰富了我们对创造性思维过程的理解，也为创造性教育教学提供了新的视角和方法。未来的研究可以进一步探讨不同类型的问题和原型如何交互作用，以及如何在不同学科和年龄阶段的学生中应用这些原理，以促进学生创造性思维能力的发展。

4.3 创造性倾向高低对原型位置效应的影响

首先，本实验结果发现，创造性倾向的高低与原型位置有交互效应，而且原型位置效应随着创造性倾向的降低而更加显著，也就是说，创造性倾向高的被试较少受原型位置的影响，原型位置效应在低创造性倾向的被试身上表现更明显。这一结果说明，低创造性倾向者更不善于利用情境问题的导向作用，因此在后原型的情况下分数提高不太多；创造性倾向高的被试，在后原型条件下，必然会由于有问题导向而更有效地表征和激活原型中的关键启发信息并出现后原型位置优势。实验结果还发现，在先原型条件下，高、低创造性倾向被试之间的差异更加显著。这一结果说明，在先原型条件下，创造性倾向高的被试较少受到原型表征时，由于缺乏“问题导向”而不能够突出关键启发信息的影响，在情境问题出现之后能够在之前无目标地发散思维的基础上相对容易地激活关键启发信息。相比之下，低创造性倾向的被试在表征原型的时候，由于无目标地发散思维，更容易导致在情境问题出现之后不能“慧眼”识别原型中的关键启发信息。其次，从本实验的科学创造问题解决测试的结果来看，科学创造问题解决测试的得分与原型位置效应交互作用显著，而且和创造性倾向高低、原型位置效应交互作用的结果十分一致：原型位置效应随科学创造问题解决测试得分的降低而更加显著，得分低的被试更加容易受原型位置的影响。

4.4 创造性倾向高低与启发量在正确率上的交互作用

对于启发量高的原型来说，关键突出，原型一旦被激活，其中所包含的关键启发信息也容易同时被激活；而对于启发量低的原型来说，它们所包含的关键启发信息不太容易在原型激活的同时得到激活，也就是说，被试即使想到了某个原型，也难以想到该原型的什么科学原理（关键启发信息）能够用于解决眼前的问题。创造性倾向高低与启发量之间存在显著的交互作用，且低创造性倾向的被试更容易受启发量的影响，这一结果或许能够说明高创造性倾向的个体更能够在原型中激活有用的科学原理（关键启发信息），更能够解决启发性更隐蔽的情境问题，在发现一般人不容易发现的关键点上独具慧眼。

在探讨创造性思维与原型启发之间的关系时，不得不提及个体在认知灵活性方面的差异。高创造性倾向的个体往往拥有更高的认知灵活性，他们能够跨越常规思维的界限，将看似无关的信息联系起来，从而在看似不相关的原型中发现潜在的关键启发信息。这种能力使得他们在面对复杂和模糊的问题时，能够更加灵活地运用各种知识和经验，找到解决问题的新途径。此外，高创造性倾向的个体通常具备较强的洞察力和直觉，这使得他们能够在面对问题时迅速识别出关键启发信息，并将其与已有的知识体系进行有效整合。他们往往不拘泥于传统的思维模式，而是敢于尝试新的方法和途径，这在很大程度上依赖于他们对原型启发信息的敏感性和利用能力。然而，低创造性倾向的个体在面对问题时往往受限于传统的思维框架，难以跳出固有的思维模式。他们可能在面对启发量低的原型时，难以激活相关的关键启发信息，因为这些信息需要更深层次的思考和更广泛的联想。低创造性倾向的个体可能更依赖于显而易见的线索和直接的经验，而忽视了那些需要深入挖掘和理解的潜在启发信息。

因此，提高个体的创造性思维能力，关键在于培养他们的认知灵活性、洞察力和直觉。教育和培训机构可以通过提供多样化的学习经历，鼓励探索和实验，以及培养批判性思维和问题解决技能来实现这一目标。通过这些方法，个体可以学会如何在看似无关的信息中寻找联系，如何在复杂的问题中识别关键点，从而提高利用原型启发信息解决科学问题的能力。创造性思维与原型启发之间的关系是复杂而微妙的。高创造性倾向的个体之所以能够在启发量低的原型中发现有用的科学原理，是因为他们具备了认知灵活性、洞察力和直觉等关键能力。而低创造性倾向的个体则需要通过特定的训练和实践来提升这些能力，以便更好地利用原型启发信息解决科学问题。

5 结论

本研究采用科学创造问题为实验材料，探讨创造性问题解决中的原型位置效应，得到以下结果：(1) 原型位置主效应显著，后呈现原型组的成绩显著优于先呈现原型组的，这也说明后原型激活的是关键启发信息，而先原型激活的是整个原型；(2) 创造性倾向对原型位置效应有影响，原型位置效应随着创造性倾向的提高而显著降低；(3) 启发量与原型位置无显著交互效应，但启发量与创造性倾向有交互作用，高创造性倾向组更不会受启发量的影响；(4) 科学创造问题解决得分与创造性倾向总分显著相关，二者在原型位置效应上表现出了相同的效应，这说明科学创造问题解决测试能够有效测量个体的创造性。

第五章　创造性倾向对原型位置效应的影响[①]

1　引言

原型激活理论是在研究顿悟问题的基础上提出来的，顿悟可以被看成实验室条件下的创造性思维。原型激活理论是继以Kaplan和Simon为代表的表征转变理论和以Ormerod和Chronicle为代表的进程监控理论的争论之后由我国学者张庆林[②]提出的全新的观点。顿悟的原型激活理论提出以后，先后得到了一些实验的初步检验和证实。如邱江对“九点问题”的研究[③]，任国防等对中国古典的“装缸问题”的研究[④]，曹贵康等对图形“四等分问题”的研究[⑤]，吴真真等对“字谜”的研究[⑥]，罗劲等的猜谜研究[⑦]，买晓琴等[⑧]、邱江

① 原文刊于《心理与行为研究》2014年第5期，收入本书时有修改。

② 张庆林.顿悟心理机制的实验分析[J].心理学杂志，1989，4(2)：23-28.

③ 邱江.有关顿悟问题解决认知机制的实验研究[D].重庆：西南师范大学，2005.

④ 任国防.顿悟：是进程监控还是表征转换[D].重庆：西南师范大学，2005.

⑤ 曹贵康，杨东，张庆林.顿悟问题解决的原型事件激活：自动还是控制[J].心理科学，2006，29(5)：1123-1127.

⑥ 吴真真，邱江，张庆林.顿悟的原型启发效应机制探索[J].心理发展与教育，2008(1)：31-35.

⑦ Luo J，Niki K，Phillips S.Neural correlates of the“Aha! Reaction”[J].NeuroReport，2004，15(13)：2013-2017.

⑧ Mai X Q，Luo J，Wu J H，et al.“Aha!”effects in guessing riddle task：an ERP study[J].Human Brain Mapping，2004，22(4)：261-270.

等[①]以谜语作为实验材料的研究。之后张庆林等对原型激活理论进行了进一步探讨，提出了顿悟的原型启发理论[②]，该理论认为，顿悟是一个原型启发的过程。在解决问题的思考过程中，如果能够在大脑中激活恰当的原型及其所包含的关键启发信息，那么顿悟就能够发生。由于原型事件中所包含的信息很多，并不一定都对当前问题的解决具有启发作用，因此原型事件中所包含的对于解决当前问题最具决定性和指导性的启发信息才是这里所说的关键启发信息。这里所说的激活，是指将原型事件（及其关键启发信息）与当前问题形成联系，并指引当前问题空间的启发式搜索，从而促使当前问题的顺利解决。这一理论更符合现实生活中创造性思维的本质，因为现实思维中的顿悟、灵感、直觉的发生都离不开原型启发。随着发展，原型启发理论逐渐成为解释创造性思维问题解决的成熟理论。

表征方式不同，会对问题解决产生影响。“问题在先”与“原型在先”会产生对原型的不同表征方式，一种是带着问题表征（“问题在先”），一种是不带问题表征（“原型在先”）。研究已经发现，带着问题表征原型比“原型在先”更易产生原型启发效应，并使解决问题的成功率显著提升。[③]研究表明，当个体在解决问题时将问题表征置于首位，更容易受到问题本身的启发，从而更有效地解决问题。这种方式可能会促使人们更深入地思考问题的本质，并更快速地找到解决方案。这项研究为我们提供了关于问题解决过程中表征方式的重要见解。了解问题在先和原型在先的不同影响，有助于我们更好地理解人类认知和问题解决的机制，同时也为教育和培训领

① 邱江，罗跃嘉，吴真真，等. 再探猜谜作业中“顿悟”的ERP效应[J]. 心理学报，2006，38(4)：507-514.

② 张庆林，邱江. 顿悟与源事件中启发信息的激活[J]. 心理科学，2005，28(1)：6-9.

③ 朱海雪，罗俊龙，杨春娟，等. 发明创造问题解决中的原型位置效应[J]. 心理科学，2012，35(1)：70-75.

域提供了一些有益的启示，可以帮助人们更高效地解决问题并取得更好的成果。进一步的研究还发现，将问题表征置于首位，不仅有助于个体在面对复杂问题时找到更有效的解决策略，而且在团队合作中也显示出显著的优势。当团队成员共同将注意力集中在问题的本质上时，他们更容易达成共识，从而提高团队的整体效率和创造力。这种共识有助于减少误解和沟通障碍，使得团队能够更快地推进项目进度。此外，问题表征优先的方法在教育领域具有重要的应用价值。通过培养学生的这种思维方式，可以促使学生更加主动地探索和理解知识，而不是被动地接受信息。这种主动探索的过程不仅能够提高学生的学习兴趣，还能够提高他们的批判性思维能力和解决问题的能力。在实际应用中，问题表征优先的方法也显示出其在创新和设计领域的潜力。创新者和设计师通过深入分析问题的本质，能够创造出更加符合用户需求和市场趋势的产品和服务。这种以问题为中心的设计思维，有助于打破传统思维模式的局限，激发更多的创新灵感。

综上所述，原型位置效应应用广泛，在很多领域都具有重要的借鉴意义，那么出现这种原型位置效应是被试本身之间的差异还是与其他因素有关呢？科学创造问题解决能力从某种角度可以反映出个体创造性的高低，那么创造性的高低是不是影响原型位置效应的因素呢？创造性不同的个体在两种不同的表征方式下是否存在交互效应？基于以上问题，本实验以原型启发理论为基础，采用与实际相联系的科学创造问题为实验材料，创造性倾向依据《威廉斯创造力倾向测验量表》测得，采用“一对一”的实验范式（学习1个原型之后立即解决1个与之配对的情境问题，类似于类比迁移的实验范式），探讨创造性倾向对原型位置效应的影响。

2 方法

2.1 被试

某大学在校生54人，男女生各半，平均年龄21.8岁，视力或矫正视力正常，所有被试均未接触过原型启发测验，且有初步的电脑操作技能，做完实验后均能获取适量报酬。依据《威廉斯创造力倾向测验量表》的得分，将被试分为两组，高、低创造性倾向组之间的差异显著（$t = 9.94$，$p < 0.01$），在冒险性、好奇心、想象力、挑战性4个因子得分上，高、低创造性倾向组之间的差异都显著，分别为（$t = 10.44$，$p < 0.01$；$t = 11.11$，$p < 0.01$；$t = 12.01$，$p < 0.01$；$t = 8.43$，$p < 0.01$）。

2.2 原型启发材料的选取

本实验材料均来自"科学创造实验问题材料库"，该库有84个题目，每一个题目都包括一个原型和一个情境问题，"科学创造实验问题材料库"中每个题目的正确率指标都有两个：正确率1（没有原型，只呈现情境问题时的正确率），对应的反应时为反应时1；正确率2（学习原型后立即呈现情境问题时的正确率），对应的反应时为反应时2。运用这两个指标可以计算出原型启发量，原型启发量=正确率2-正确率1。此外，"科学创造实验问题材料库"还包含每个原型启发题目的主观启发量（被试主观评定原型对情境问题解决的启发性作用的高低）。

从材料库中抽取36个题目，分为高、低两组，高启发量组平均启发量 = 0.73，$SD = 0.09$，其中平均正确率1 = 0.14，$SD = 0.12$，平均正确率 2 = 0.88，*SD* = 0.07，二者差异显著（$t = -23.02$，$p < 0.001$）；高启发量组平均反应时 1 = 78995 ms，*SD* = 16920 ms，平均反应时 2 = 43381 ms，*SD* = 15644 ms，二者差异显著（$t = -8.78$，$p < 0.01$）；低启发量组平均启发量 = 0.29，*SD* = 0.13，其中平均正确率 1 = 0.44，*SD* = 0.24，平均正确率 2 = 0.73，*SD* = 0.23，二者差异显著（$t = -3.70$，$p < 0.01$）；低启发量组平均反应时 1 = 68179 ms，*SD* = 14246 ms，平均反应时 2 = 42081 ms，*SD* = 12959 ms，二者差异显著（$t = 5.75$，$p < 0.01$）。平均正确率和平均反应时两项指标差异显著，说明该36个题目具有明显的原型启发效应，高、低两组平均启发量之间差异显著（$t = 11.85$，$p < 0.001$）。为了控制启发量对实验结果的影响，用于本研究的每组材料包括9个高启发性题目和9个低启发性题目，第一组题目平均启发量 = 0.53，*SD* = 0.25，第二组题目平均启发量 = 0.49，*SD* = 0.25，两组之间差异不显著（$t = 0.432$，$p > 0.05$），可作为本实验的研究材料。

2.3 实验设计

本实验是 2 × 2 混合设计，自变量是原型位置，为组内变量，包括两个水平：先原型处理和后原型处理。创造性倾向为组间变量，也有两个水平：高创造性倾向组和低创造性倾向组。因变量是被试解决问题时的反应时和解决问题得分。解决问题得分采用0、1、2、3四级记分方式。

2.4 程序

实验采取单独施测的方式，每个房间配备一台PC型计算机和一把椅子，被试分别进入各自独立的房间，被试先完成《威廉斯创造力倾向测验量表》，完成后，一个房间内安排一个主试，由主试记录并判断被试对每一个测试题目的报告是否正确。程序采用E-prime软件编程，完成实验材料的随机呈现并自动记录被试的反应时。为了更好地控制无关变量的影响，实验采取拉丁方平衡顺序来呈现材料。一组被试按“先原型—后原型”实验顺序，另一组按“后原型—先原型”实验顺序进行实验。

先原型的实验程序：主试将被试的序号输入电脑中，告诉被试开始实验，屏幕上出现指导语，被试理解指导语后按空格键，屏幕上呈现一段原型材料，被试理解原型材料后迅速按空格键，此时记录被试阅读原型的反应时（原型呈现时限为60 s，60 s后还未理解自动进入下一步），接着呈现一个情境问题，前面的原型材料对情境问题有一定提示作用，被试迅速理解情境问题并想出解决方法，想到后迅速按空格键报告结果，主试判断结果是否正确，按0、1、2、3四级记分方式打分（时限为90 s，90 s还未想到答案自动进入下一题）。稍后测试第二题，重复前面的步骤，直到18个题目全部测完。休息60 s后进入后原型实验。

后原型的实验程序：主试将被试的序号输入电脑中，告诉被试开始实验，屏幕上出现指导语，被试理解指导语后按空格键，屏幕上呈现一个情境问题，被试理解后迅速按空格键，此时记录被试理解问题的反应时（情境问题呈现时限为60 s，60 s后还未理解自动进入下一步），接着呈现一段原型材料，原型材料对之前的情境问题有一定提示作用，被试迅速理解原型材料并想出解决问题的方法，想到后迅速按空格键报告结果，主试判断结果是否正确，按0、1、2、3四级记分方式打分（时限为90 s，90 s还未想到答案自动进入下一题）。稍后测试第二题，重复前面的步骤，直到18个题目全部测完。

另一组被试按相反的顺序进行，程序相同。

3 结果

3.1 创造性倾向的测验

创造性倾向采用《威廉斯创造力倾向测验量表》测得。

科学创造原型启发记分的具体过程是：评分者把被试按键之后的“口头报告答案”划分为4种情况（没有激活原型也没有正确解决问题；只激活原型而没有正确解决问题；激活原型但不能完全概括解决问题的关键启发信息；激活原型并能运用其中的关键启发信息正确解决问题），然后进行记分。每一个被试得分、每一种处理的分值范围都是0～18分。例如，对于问题“怎样使宇航服既有硬度又能自由弯曲呢?”（其原型是，煮熟的虾子，其身体部分的外壳既坚硬又可以弯曲），如果被试的回答是“使宇航服的材料更厚更坚硬”，这样其实没有激活原型也没有解决问题，只是对问题的重复，记0分；如果被试回答“做成虾壳状”，这样只是激活了原型而没有解决问题，记1分；如果被试回答“做成坚硬的虾壳状”（激活了“坚硬”这一关键启发信息），这样虽然激活了原型，但是没有具体解决问题，记2分；如果被试回答“仿照煮熟虾子的外壳既坚硬又可以弯曲的原理，将宇航服需要自由弯曲的部位做成虾子外壳的样子”，则为正确答案，记3分。

3.2 科学创造问题解决得分与创造性倾向的关系

科学创造问题解决得分与创造性倾向的关系见表5-1：

表 5-1 科学创造问题解决得分与创造性倾向的关系

		总分	冒险性	好奇心	想象力	挑战性
科学创造问题解决得分	*r*	0.42**	0.41**	0.43**	0.20	0.31*
	sig	0.002	0.002	0.001	0.14	0.02
	N	54	54	54	54	54

注：*表示在0.05水平上显著，**表示在0.01水平上显著。

从表中可以得出：科学创造问题解决得分与创造性倾向、冒险性、好奇心、挑战性显著相关；其中科学创造问题解决得分与创造性倾向、冒险性、好奇心的相关在0.01水平上显著，科学创造问题解决得分与挑战性的相关在0.05水平上显著。下面分析创造性倾向、好奇心、挑战性、冒险性的原型位置效应。

3.3 创造性倾向×原型位置的实验结果

创造性倾向×原型位置的实验结果见表5-2。

表 5-2 创造性倾向不同的组在原型位置上的问题解决得分和反应时

组别	*n*	正确得分	反应时
先原型高创造性倾向组	18	39.89±3.98	39.60±8 .33
后原型高创造性倾向组	18	44.28±4.06	34.18±7.35
先原型低创造性倾向组	18	32.72±3.10	50.55±7.72
后原型低创造性倾向组	18	38.78±2.44	40.67±7.18

进行重复测量方差分析发现：在问题解决得分方面，原型位置主效应显著（$F = 223.69$，$p < 0.000$），后原型组得分显著高于先原型组，创造性倾向主效应显著（$F = 33.19$，$p < 0.000$），高创造性倾向组得分显著高于低创造性倾向组，创造性倾向和原型位置交互效应显著（$F = 5.70$，$p < 0.05$）。进行简单效应分析发现：高创造性倾向组在原

型位置处理上差异显著（$F = 79.00$，$p < 0.000$），低创造性倾向组在原型位置处理上差异更加显著（$F = 150.39$，$p < 0.000$），说明原型位置效应随创造性倾向的降低而显著。科学创造问题解决得分不同的组在原型位置上的解决问题得分和反应时见表5–3。

表5–3　科学创造问题解决得分不同的组在原型位置上的问题解决得分和反应时

组别	n	正确得分	反应时
先原型高分组	18	40.11±3.22	41.32±7.37
后原型高分组	18	44.89±3.32	33.72±7.46
先原型低分组	18	29.56±2.03	58.38±8.94
后原型低分组	18	35.28±1.67	42.80±11.26

根据科学创造问题解决得分将被试分为高分、低分两组，在得分上进行方差分析发现：问题解决得分和原型位置交互效应显著（$F = 5.27$，$p < 0.05$）。进行简单效应分析发现：高分组在原型位置处理上差异显著（$F = 106.87$，$p < 0.001$），低分组在原型位置处理上差异更加显著（$F = 184.51$，$p < 0.001$），说明原型位置效应随科学创造问题解决得分的降低而显著。

3.4　好奇心×原型位置的实验结果

好奇心×原型位置的实验结果见表5–4。

表5–4　好奇心不同的组在原型位置上的问题解决得分和反应时

组别	n	正确得分	反应时
先原型高分组	18	39.83±3.81	38.16±6.72
后原型高分组	18	43.89±3.46	33.36±7.24
先原型低分组	18	31.83±3.93	49.71±7.62
后原型低分组	18	37.56±3.35	42.55±7.03

进行重复测量方差分析发现：在问题解决得分方面，原型位置主效应显著（$F = 208.14$，$p < 0.000$），后原型组得分显著高于先原型组，好奇心主效应显著（$F = 37.74$，$p < 0.000$），高好奇心组得分显著高于低好奇心组得分，好奇心和原型位置交互效应显著（$F = 6.05$，$p < 0.05$）。进行简单效应分析发现：高分组在原型位置处理上差异显著（$F = 71.62$，$p < 0.000$），低分组在原型位置处理上差异更加显著（$F = 142.57$，$p < 0.000$），说明原型位置效应随好奇心的降低而显著。

3.5 挑战性×原型位置的实验结果

挑战性×原型位置的实验结果见表5–5。

表5–5 挑战性不同的组在原型位置上的问题解决得分和反应时

组别	n	正确得分	反应时
先原型高分组	18	40.06±5.66	44.06±8.15
后原型高分组	18	43.72±4.55	36.12±9.35
先原型低分组	18	34.17±5.21	51.75±9.14
后原型低分组	18	39.22±5.20	42.89±12.62

进行重复测量方差分析发现：在问题解决得分方面，原型位置主效应显著（$F = 177.78$，$p < 0.000$），后原型组得分显著高于先原型组，挑战性主效应显著（$F = 9.68$，$p < 0.01$），高挑战性组得分显著高于低挑战性组，挑战性和原型位置交互效应显著（$F = 4.51$，$p < 0.05$）。进行简单效应分析发现：高分组在原型位置处理上差异显著（$F = 62.84$，$p < 0.000$），低分组在原型位置处理上差异更加显著（$F = 119.45$，$p < 0.000$），说明原型位置效应随挑战性的降低而显著。

3.6 冒险性×原型位置的实验结果

冒险性×原型位置的实验结果见表5-6。

表5-6 冒险性不同的组在原型位置上的问题解决得分和反应时

组别	n	正确得分	反应时
先原型高分组	18	39.44±5.16	42.13±7.12
后原型高分组	18	35.44±7.33	39.78±6.25
先原型低分组	18	44.28±4.90	46.21±8.14
后原型低分组	18	38.44±6.05	44.32±7.69

进行重复测量方差分析发现：在问题解决得分方面，冒险性与原型位置的交互效应不显著（$F = 1.85$，$p > 0.05$），说明原型位置效应不受冒险性高低的影响。

3.7 想象力×原型位置的实验结果

同样地，进行重复测量方差分析发现：在问题解决得分方面，想象力与原型位置的交互效应不显著（$F = 0.49$，$p > 0.05$），说明原型位置效应不受想象力高低的影响。

4 讨论

本研究将从“科学创造实验问题材料库”中选取的36个题目分为两组，两组题目同质，这样就消除了启发量对实验结果的影响。本实验的目的是探讨创造性倾向对原型位置效应的影响。

4.1 创造性倾向对原型位置效应的影响

从解决问题的原型位置效应的结果来看，原型位置主效应显著，

“问题在先”的反应时显著短于“原型在先”，而且“问题在先”的得分显著高于“原型在先”的得分。在“问题在先”条件下，出现情境问题后，被试在大脑中形成表征，知道问题大概要从哪方面入手，而后出现的原型材料正好与之前在大脑中存在的问题形成联系，被试能够很快地找到解决问题的方法，反应时较短，问题解决得分高，这个结果证实了本研究的假设。已有的研究①也表明关键启发信息的激活才是顿悟的重要影响因素。在“原型在先”条件下，原型在大脑中进行加工，被试很难把握其中的关键启发信息，因为被试很难猜测要解决什么样的问题，因此需要将整个原型激活，这样需要的时间自然较长，呈现情境问题后，被试将大脑中存在的原型材料提取出来与之匹配，匹配过程中若不能对原型中的关键启发信息全面把握，就会造成得分低，因为得分是按照被试答案中所包含的关键启发信息的多少来确定的，所以“原型在先”组相对“问题在先”组，反应时长，得分低。

原型位置的主效应也说明了“问题在先”激活的是关键启发信息，而“原型在先”激活的是整个原型。从创造性（创造性倾向、好奇心、挑战性）主效应来看，高分组反应时显著短于低分组，得分显著高于低分组。创造性高的人相对于创造性低的人更容易激活原型材料。呈现原型材料，高创造性倾向组的人能在较短的时间内激活整个原型，并且从中找出关键启发信息，而低创造性倾向组的人在规定时限内不一定能激活原型，因此低创造性倾向组的反应时长，得分低。这个结果也说明了高创造性倾向组既激活了原型也激活了关键启发信息，低创造性倾向组既没有激活原型也没有激活关键启发信息。进一步分析发现，创造性倾向与问题解决策略之间存在密切联系。高创造性个体倾向于采用更为灵活和开放的问题解决

① 张庆林.顿悟心理机制的实验分析[J].心理学杂志,1989,4(2):23-28.

策略，他们能够迅速地识别问题的核心要素，并将其与已有的知识结构相联系。这种策略使得他们在面对新问题时能够迅速找到解决方案，而不需要过多地依赖于传统的、固化的思维模式。相比之下，低创造性个体在面对问题时往往采用更为保守和机械的策略，他们可能更依赖于已知的规则和程序，而不是尝试新的方法。这种策略在面对常规问题时可能有效，但在需要创新和灵活性的情况下则显得力不从心。因此，低创造性个体在激活原型材料和关键启发信息方面表现不佳，导致他们在解决问题时反应时间较长，正确率较低。

此外，研究还发现，好奇心和挑战性在创造性过程中扮演着重要角色。高好奇心的个体更愿意探索未知领域，面对挑战时表现出更高的积极性和持久性。他们不满足于现状，总是试图寻找更好的解决方案。这种特质使得他们在面对复杂问题时能够持续地进行探索和尝试，从而更容易找到创新性的解决方法。综上所述，创造性倾向、好奇心和挑战性共同影响个体在问题解决过程中的表现。高创造性个体由于其灵活的问题解决策略、强烈的好奇心和对挑战的积极态度，能够更有效地激活原型材料和关键启发信息，从而在解决问题时表现出更高的效率和准确性。而低创造性个体需要通过培训和实践来提高其创造性倾向，以改善他们在问题解决中的表现。

4.2 好奇心、挑战性对原型位置效应的影响

高好奇心与高挑战性的个体不管在“问题在先”条件下还是在“原型在先”条件下，都会勇于探索，积极思考，寻找各种解决问题的思路，在寻找的过程中就会发现一些观点对解决问题有帮助，在发现的过程中更容易找到规律性，很快掌握并使用原型中的关键启发信息来解决问题，因此高分组在原型位置效应中要低于低分组。由于低好奇心与低挑战性的个体不善于去发现，遇到难题退缩不前，

不想去探寻，这样就很难发现解决问题的方法。相对来讲，“问题在先”相对容易些，被试对这类题目的解答正确率相对较高，但在“原型在先”条件下，由于没有问题的引导，被试不知道该往哪个方向思考，因此分数较低，表现出了明显的原型位置效应。

高好奇心与高挑战性的个体在面对复杂问题时，往往表现出一种不畏艰难的探索精神。他们不满足于表面的答案，而是深入挖掘问题的本质，试图从多个角度和层面去理解问题。这种深入的思考和探索，使他们在面对“原型在先”条件时，能够迅速识别出原型中的关键启发信息，并将其灵活地应用到情境问题中。与此同时，高好奇心与高挑战性的个体在“问题在先”条件下，会更加主动地去构建问题的原型。他们善于从已有的知识和经验中提取相关信息，形成一个初步的框架，然后在此基础上不断调整和完善，直至找到最佳的解决方案。这种主动构建原型的能力，使得他们在面对新问题时能够更快地应对。相比之下，低好奇心与低挑战性的个体在面对问题时，往往缺乏足够的动力去深入挖掘和探索。他们可能满足于表面的、简单的答案，不愿意投入时间和精力去进行深入的思考。在“原型在先”条件下，他们可能只是机械地模仿原型，而不去理解原型背后的原理和逻辑。在“问题在先”条件下，他们可能无法有效地构建原型，从而在解决问题的过程中感到迷茫和无助。因此，高好奇心与高挑战性的个体在原型位置效应中的表现优于低好奇心和低挑战性的个体，这不仅体现在他们对原型的灵活运用上，还体现在他们面对问题时的主动性和创造性上。他们能够更好地利用原型中的关键启发信息，并结合自己的知识和经验，形成独特的解决方案。而低好奇心和低挑战性的个体往往受限于自己的思维模式和经验范围，难以跳出固有的框架，从而在解决问题的过程中表现得较为被动和局限。

5 结论

本研究采用科学创造问题为实验材料，探讨创造性问题解决中的原型位置效应，得到以下结果：创造性倾向、好奇心、挑战性对原型位置效应有影响，而且原型位置效应随着创造性倾向、好奇心、挑战性的降低而显著。高创造性倾向“原型在先”组激活的是原型和其中的关键启发信息，而高创造性倾向“问题在先”组激活的是关键启发信息。低科学创造问题解决得分“原型在先”组没有激活原型或者没有完全激活原型，低科学创造问题解决得分“问题在先”组激活了一部分关键启发信息。

尽管本研究在探讨创造性问题解决中的原型位置效应方面取得了一定的成果，但仍然存在一些局限性。首先，实验样本的代表性可能有限，由于参与者数量和背景的多样性不足，研究结果可能无法完全推广到更广泛的人群。其次，实验材料的选择可能对结果产生一定的影响，不同的问题可能引发不同程度的原型激活和对关键启发信息的利用。此外，实验过程中可能存在其他变量，如个体的情绪状态、疲劳程度等，也可能对实验结果产生影响。

本研究的结果对教育领域具有一定的启示意义。首先，教育工作者应当意识到，创造性问题解决能力的培养需要注重原型材料的呈现方式。在教学过程中，可以尝试先呈现问题，再提供原型材料，以促进学生对关键启发信息的快速识别和利用。其次，教育者应当鼓励学生发展高好奇心和高挑战性的特质，通过设计具有挑战性的问题来鼓励学生主动探索未知领域，激发学生的创造性思维。

总之，本研究为理解创造性问题解决中的原型位置效应提供了新的视角，为教育和培训提供了有益的参考。未来的研究和实践应当继续探索如何更有效地培养和提升个体的创造性问题解决能力。

脑机制研究篇

第六章　科学创造中原型位置效应的fMRI研究[①]

1　引言

创造性思维的主要形式有顿悟、类比迁移、假设检验、创造性想象等，其中顿悟一直以来都是心理学家们感兴趣的研究课题。[②]顿悟是创造性思维研究的一个重要领域。从1917年格式塔学派奠基人Kohler首次提出“顿悟”学习理论开始，心理学家就一直很关注顿悟问题，并已进行了大量的实验研究。其中，对顿悟机制的研究大多集中于表征转换理论与进程监控理论。继二者争论之后，张庆林及其团队基于现实生活中创造发明的思维机制提出了顿悟的原型启发理论，认为原型启发是现实生活中的一种创造性思维。这里的原型是指个体头脑中与解决当前问题表面上不相关的知识经验，但是原型中隐含对问题解决有思维启发作用的信息。在解决问题的思考过程中，如果能够在大脑中激活恰当的原型及其所包含的关键启发信息，那么顿悟就能够发生。顿悟的原型启发理论提出以后，先后

① 原文刊于《心理学报》2012年第8期，收入本书时有修改。

② Mayer R E. The search of insight: grappling with Gestalt psychology's unanswered questions[J].The Nature of Insight, 1995: 3-32.

得到了一些实验[1][2]的初步检验和证实。

近年来，随着fMRI、ERP等技术的发展，顿悟研究的领域和手段逐渐趋于多元化，对其脑机制的探讨更是成为研究的热点。fMRI技术是近些年才发展起来的新技术，由于它能辨别大脑进行认知活动时被激活的区域，为研究人的大脑结构及其功能开辟了一条新的道路，因而被誉为“人类思维的阅读器”。随着fMRI技术的不断进步，研究者们得以深入探索大脑在顿悟过程中的活动模式。通过精确定位和分析大脑中特定区域的血流变化，科学家们开始揭示顿悟时刻所涉及的神经网络。例如，研究发现，当人们经历顿悟时，大脑的前额叶皮层和颞叶区域往往出现显著的活动增强现象，表明这些区域在处理复杂性思维问题中扮演着重要角色。除了fMRI技术，ERP技术也在顿悟研究中发挥了重要作用。ERP技术能够捕捉到大脑在特定事件发生后几毫秒内的电位变化，从而提供有关大脑处理信息速度和方式的实时数据。通过ERP技术，研究者们发现顿悟过程中存在一种特定的脑电波模式，即“顿悟电位”，它通常出现在问题解决前的几秒钟内，表明大脑已经接近找到问题的答案。此外，神经心理学的研究方法也被广泛应用于顿悟研究中。通过观察大脑损伤患者在解决问题时的表现，研究者们能够推断出哪些脑区对于顿悟至关重要。例如，一些前额叶、颞叶损伤的患者在进行创造性思维和问题解决任务时表现出明显的困难，这进一步证实了前额叶和颞叶在顿悟过程中的核心作用。随着研究的深入，科学家们还开始关注顿悟与情绪、动机等因素之间的关系。研究发现，积极的情绪状态和适度的动机水平能够促进顿悟的发生。这表明，除了大脑

① 吴真真，邱江，张庆林.顿悟的原型启发效应机制探索[J].心理发展与教育，2008(1):31-35.

② 曹贵康，杨东，张庆林.顿悟问题解决的原型事件激活：自动还是控制[J].心理科学，2006,29(5):1123-1127.

结构和功能之外，心理状态也是影响顿悟的重要因素。总之，随着各种先进技术的不断发展和应用，各项研究正逐步揭开“顿悟”的神秘面纱。未来的研究有望进一步揭示顿悟的脑机制，为教育、创新和心理治疗等领域提供新的理论和实践指导。

尽管如此，对于顿悟现象的脑机制的研究仍然有一定的难度。因为顿悟是一个瞬间即逝的“发现”状态，其发生的时间点不可预期。采用脑成像技术研究顿悟的脑机制，遇到的困难不仅是难以捕捉并记录顿悟瞬间的脑活动，而且很难满足脑成像研究所规定的对相当数量的、可重复观察的同类认知事件的脑信号进行叠加的要求。在实验室条件下，研究者期望通过一些操作在有限的特定时间之内重复引发顿悟现象。在这一方面，国内外学者进行了各自的创造性的尝试。

罗劲等采用经过良好筛选的谜语作为实验材料，利用功能性磁共振脑成像技术记录了人类大脑在实现顿悟的一瞬间的活动状况，结果发现：新异而有效联系的形成依赖于海马，顿悟就意味着新异而有效联系的形成；顿悟中问题表征方式的转换与脑内视觉空间信息加工网络有关；ACC与腹外侧前额叶的激活与顿悟问题解决中打破思维定式所产生的认知冲突有关。[①]Bowden等采用远距离联想任务（CRAT：compound remote associates test）作为研究顿悟的实验材料，例如，靴子、夏日、土地（答案：露营），要求被试根据这三个单词，想象一个新奇的答案将三者有效地联系起来。结果发现，大脑的额中回（the medial frontal/ACC cortex）有明显的激活。[②③]买晓琴

① Luo J, Niki K, Phillips S. The function of anterior cingulate cortex (ACC) in the insightful solving of puzzles: the ACC is activated less when the structure of the puzzle is known [J]. Journal of Psycholoigy in Chinese Societies, 2004, 5(2): 195-213.

② Bowden E M, Jung-Beeman M. Aha! Insight experience correlates with solution activation in the right hemisphere [J]. Psychonomic Bulletin & Review, 2003, 10(3): 730-737.

③ Bowden E M, Jung-Beeman M, Fleck J, et al. New approaches to demystifying insight [J]. Trends in Cognitive Sciences, 2005, 9(7): 322-328.

等同样利用谜语作为实验材料，采用ERP技术从加工的时间过程上探索了问题解决过程中顿悟的神经机制。结果发现，ACC的活动发生在顿悟过程的初级阶段，在思维定式的打破中起到了一个“早期预警系统”的作用。[①]随后邱江等选取汉字字谜作为实验材料，采用ERP技术对顿悟的脑机制进行探索，结果发现，ACC显著激活，ACC反映了新旧思路之间的认知冲突。[②]邱江等还采用汉字字谜问题和fMRI技术考察了顿悟的原型启发的脑机制。研究发现，相对于非顿悟条件下的脑激活，顿悟条件下的脑激活显著增加的区域有楔前叶、左侧额下/额中回、枕叶下回和小脑。[③]

采用谜语、汉字字谜以及远距离联想任务作为实验材料，在一定程度上解决了脑机制研究所必需的信号叠加的问题（每一种实验条件需要有30～50次叠加），即解决了同质型实验材料的数量问题，但是它们都不属于科学创造的问题，对于科学创造中的顿悟机制而言其生态效度往往不高。因此，该领域的研究需要在实验材料上采用更符合现实中创造性思维产生的科学创造问题为实验材料。

张庆林、邱江等人依据先前提出的顿悟的原型启发理论，编制了“科学创造实验问题材料库”，材料库中共有84个测试题目，每个题目均包含一个情境问题、一个原型和一个参考答案。研究已经发现，“问题在先”比“原型在先”更易发生原型启发效应，并使解决问题的正确率显著上升，而且原型位置效应受到被试的创造性倾向的影响。[④]科学创造问题解决存在原型位置效应，那么这种效应发

① Mai X Q, Luo J, Wu J H, et al.“Aha!” effects in a guessing riddle task: an ERP study [J].Human Brain Mapping, 2004, 22(4): 216-270.

② Qiu J, Li H, Luo Y J, et al. Brain mechanism of cognitive conflict in a guessing chinese logogriph task[J].NeuroReport, 2006, 17(6): 679-682.

③ Qiu J, Li H, Jou J, et al.Neural correlates of the “Aha” effects: evidence from an fMRI study of insight problem solving[J].Cortex, 2010, 46(3): 397-403.

④ 朱海雪，罗俊龙，杨春娟，等．发明创造问题解决中的原型位置效应[J].心理科学，2012，35(1)：70-75.

生的脑机制是怎样的？为什么带着问题学习新知识（描述原型的文字），就会有利于运用该知识创造性地解决问题？这是需要进一步探索的课题。

原型启发实验范式主要有“一对一”的实验范式（学习1个原型之后立即解决1个与之匹配的情境问题，类似于类比迁移的实验范式）和“多对多”的实验范式（学习多个原型之后解决多个情境问题，被试面对每一个问题的时候都需要在多个原型中激活其中一个恰当的原型，需要一种直觉思维）。“一对一”的实验范式对被试创造性思维的要求比较低，因此本研究采用“多对多”的实验范式，这样，被试在解决任何一个情境问题的时候都必须在多个原型中自动地激活一个有启发性的恰当原型，表现出较高的创造性。

本研究在行为研究的基础上，以原型启发理论为基础，采用与实际相联系的科学创造问题为实验材料，采用“五对五”实验设计，采取“先呈现问题、后呈现原型”和“先呈现原型、后呈现问题”两种实验范式，探讨科学创造中顿悟的原型位置效应，并采用fMRI技术记录大脑的激活强度。

2 方法

2.1 被试

某大学在校生34人，男女生各半，随机分成两组，每组17人。第一组被试（男生8名，平均年龄21.63岁，女生9名，平均年龄21.89岁）参加实验一，第二组被试（男生9名，平均年龄22.22岁，女生8名，平均年龄21.14岁）参加实验二，这里实验一是“问题在先”，实验二是“原型在先”。所有被试身心健康，都未接触过本实验的测试材料，实验前均签署了实验知情同意书。做完实验后根据被试按键反应以及事后报告的答案给予报酬。

2.2 原型启发测试材料的选取

实验采用“科学创造实验问题材料库”中的材料。材料库编制过程中对每个题目进行了一系列测试，确立了一系列指标，例如：正确率1（指只呈现情境问题时的正确率），正确率2（学习原型后再解决情境问题的正确率），原型启发量（正确率2和正确率1之差），难度值（1减去正确率1，然后乘以100）。

从材料库中筛选高启发量的题目40题，平均难度为80.08，难度标准差为17.40，平均启发量为0.59，启发量标准差为0.19。这里“平均难度为80.08”是指无原型条件下解决情境问题的正确率为19.92%，而“平均启发量为0.59”是指在给出原型条件下能够解决问题的正确率为19.92%+59%（启发量 = 在给出原型条件下能够解决问题的正确率 - 在无原型条件下解决问题的正确率）。

2.3 实验设计

实验为单因素被试间设计，自变量分为两个水平：“问题在先”与“原型在先”。因变量是被试在问题解决过程中的正确率以及激活的脑区。

2.4 程序

为了让被试完全明白实验任务以及注意事项，在正式实验开始之前，让被试认真阅读指导语并进行适当的练习实验，练习所使用的实验材料不会在正式实验中出现。

“原型在先”指导语：“原型”呈现阶段，被试需要理解其内容，在“情境问题”呈现阶段，被试需要根据前面的相应原型解决情境问题。“问题在先”指导语只是在“原型”呈现阶段处多了一点“被试理解其内容并思考原型与前面哪个情境问题有联系”。

实验采取事件相关设计，正式实验共有2个run（流程），每个run有20个trial（重复测试），一个run的持续时间为1024 s，均在扫描仪中进行。实验流程主要包括两个阶段：学习阶段和测试阶段。

“问题在先”任务的基本流程。学习阶段：依次随机呈现5个情境问题，每个问题出现之前，屏幕上会有“+”的提示，每个问题的呈现时间为14 s。在问题出现以后，认真阅读并理解其中的内容，理解后按“1”键。随后，会依次随机呈现5个原型，每个原型出现之前屏幕上也会有“+”的提示，每个原型的呈现时间为12 s。认真阅读并理解其中的内容，同时思考其与之前5个情境问题中的哪个有联系，想到后按“1”键。

测试阶段：依次随机呈现5个问题（材料中的提问部分），在每个问题出现之前，屏幕上会有“+”的提示，每个问题的呈现时间为12 s，当问题出现之后快速思考解决方法，想到答案后立即按“1”键。实验全部完成之后将组织过的问题解决方法写下来。

“原型在先”任务测试阶段与“问题在先”任务测试阶段相同，学习阶段不同，“原型在先”任务学习阶段的基本流程：依次随机呈现5个原型，每个原型出现之前，屏幕上会有“+”的提示，每个原型的呈现时间为12 s。在原型出现以后认真阅读并理解其中的内容，理解后按“1”键。随后，会依次随机呈现5个情境问题，每个问题出现之前屏幕上也会有“+”的提示，每个问题的呈现时间为14 s。认真阅读并理解其中的内容，同时思考其与之前5个原型中的哪个有联系，想到后按“1”键。全部完成扫描后，被试需要将题目的解决方法写在答题纸上。

实验流程如图6–1、图6–2所示：

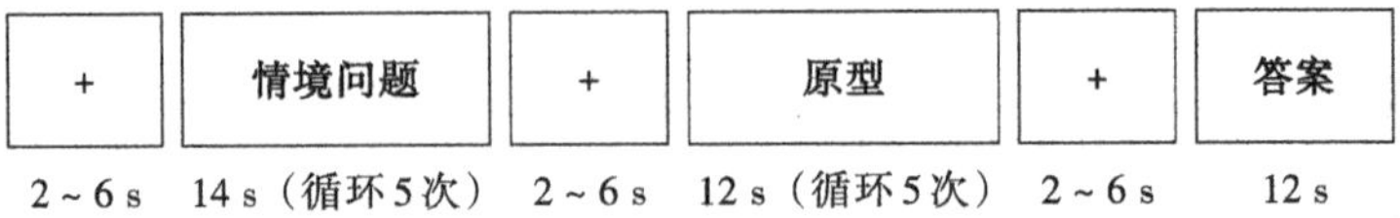

图6–1　“问题在先”任务学习阶段流程图

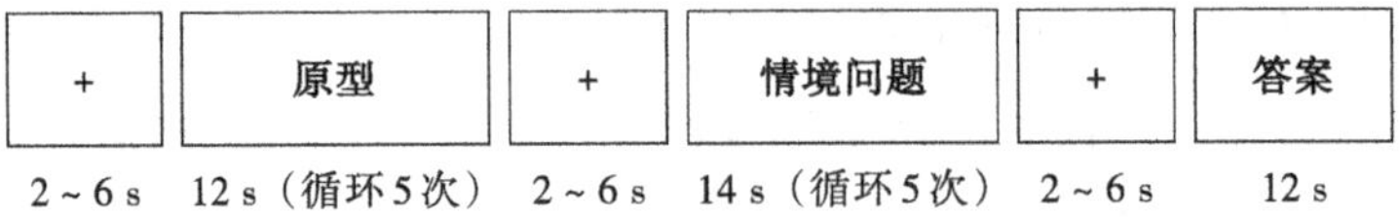

图6–2　“原型在先”任务学习阶段流程图

2.5　数据采集

功能像在3.0 T全身磁共振成像仪上获得。实验应用8通道相控阵线圈，且有专门的衬垫用来固定头部，并提醒被试正式实验时尽量保持头部不动。视觉刺激由专用的投影仪呈现，在被试头部固定线圈的上方有一个倒视镜，通过倒视镜可以看到屏幕上的视觉刺激。被试戴上专用的抗噪声耳塞，以减少扫描仪噪声对实验的影响。在每个run开始之前，有10 s时间的准备提示，以使扫描仪的信号趋于稳定，这有利于采集到更优质的图像。这时提醒被试闭上眼睛休息，准备继续进行实验。

全脑功能像由T2*加权单次激发梯度回波的EPI序列获得，功能像相关参数如下：TR = 2000 ms，TE = 30 ms，反转角（flip angle）为90°，扫描视野（FOV）= 220 × 220 mm^2，acquisition matrix = 64 × 64，轴位32层，层厚 = 3.0 mm，voxel size = 3.4 × 3.4 × 3.0 mm^3。通过E–prime2.0软件程序控制每个trial的呈现与扫描同步。结构像扫描参数：TR = 1900 ms，TE = 2.52 ms，轴位176层，层厚 = 1.0 mm，层间距 = 0.5 mm，反转角为90°，扫描视野 = 256 × 256 mm^2。

2.6　fMRI数据处理与分析

在实验中，我们主要采集了每个run中每个被试在实验所需条件下的大脑激活状态，如在“问题在先”条件下，采集“情境问题、原型”处的大脑激活状态，在“原型在先”条件下，采集“原型、情境问题”处的大脑激活状态。fMRI数据采用Brain Voyager QX v2.0软件（Brain Innovation，The Netherlands）进行随机效应模式统计分析。首先对功能像进行时间点对齐和头动矫正，并对图像进行各向同性高斯平滑（FVHM = 6 mm），对处理过的图像进行数据标准化，最后将功能像与全脑三维结构像对齐和进行空间标准化。将每个被试的功能像与结构像均对齐和进行标准化分析完毕后，对所有的数据做组分析，比较标准为在无校正情况下，p值小于0.001［t（33）= 3.61］，激活体素大小（cluster size）大于或等于20。提取各激活簇的像素点Talairach坐标值（x，y，z），经SPSS 17.0进行数据转换处理，获得各激活簇的像素点坐标值。用Talairach Client坐标软件进行脑结构和功能分区坐标定位，取得各激活簇像素点的脑区定位。把激活簇像素叠加到个体的高分辨率结构图像上，得到三维激活图像。

3　结果

3.1　记分标准以及行为结果

根据被试在扫描后完成的实验报告，由两位评分者对被试的问题解决方案进行细致的评分。为了评分的客观性，评分者依据被试在机器上的按键反应以及事后填写的答题纸（与fMRI数据叠加标准相同）将被试的问题解决方案划分为三种情况（没有激活原型也没有正确解决问题；只激活原型而没有正确解决问题；激活原型并能运用其中的关键启发信息正确解决问题），然后进行记分（第三种情况是正确标准，记1分，其他情况记0分）。例如，对于问题“怎样使宇航服既有硬度又能自由弯曲呢?”（其原型是，煮熟的虾子，其身体部分的外壳既坚硬又可以弯曲）。如果被试的回答是“使宇航服的材料更厚更坚硬”，这样其实没有激活原型也没有解决问题，只是对问题的重复，这种情况记0分；如果被试回答“做成虾子那样的形状”，这只是重复了原型，没有解决问题，记0分；如果被试回答“将宇航服需要自由弯曲的部位做成虾子外壳那样既坚硬又可以弯曲的样子”，则为正确答案，记1分。每个被试的得分采用两位评分者的平均数，两位评分者的一致性信度达到0.87（$p < 0.01$）。这表明，本研究的评分标准是比较客观的，具有较好的操作性。

两组的各17名被试在“问题在先”与“原型在先”条件下问题解决的正确率分别为0.806（$SD = 0.084$）和0.729（$SD = 0.121$），结果表明：虽然“问题在先”与“原型在先”给被试思考的总时间是相同的，但是两者结果差异显著［$t(33) = 2.144$，$p < 0.05$］，“问题在先”情况下被试得分更高，这说明问题先导更容易促进原型启发。尽管在实验流程中问题是连续呈现5个，然后再呈现5个原型（不是1对1地呈现），但是问题先导还是对原型的表征起到了积极的“启动”作用。此外，我们对反应时的记录和分析均没有发现显著的差异［$t(33) = 0.16$，$p > 0.05$］，反映出原型位置对情境问题解决的影响不在“快慢”上，而在于“思维策略”上。

3.2 脑成像结果

为了研究科学创造问题解决中顿悟的原型位置效应的脑机制，

fMRI数据叠加选取“思路正确”的trial，其评判标准是：在“问题在先”条件下，被试在原型呈现后想到与之前某个问题的联系而按键正确，“答案?”呈现12 s内被试想到问题答案并按键正确，实验后问题答案书写正确；在“原型在先”条件下，被试在情境问题呈现后想到与之前某个原型的联系而按键正确，“答案?”呈现12 s内被试想到问题答案并按键正确，实验后问题答案书写正确。

在“问题在先”条件下，原型呈现（12 s）之后，被试已经完成了启发式思维的认知全过程（文字的表征、相关的自动激活与启发式思维）。在“原型在先”条件下，情境问题呈现（14 s）之后也已经完成启发式思维的认知全过程（文字的表征、相关的自动激活与启发式思维）。我们以每个条件前面各自的“fixation”为基线，选择Brain Voyager QX v2.0软件中的“conjuction”指令进行了共同脑区激活的分析。所以这里“问题在先”与“原型在先”两种条件下正确解决问题时激活的共同脑区，是指“原型在先”时的“情境问题（14 s）”减去它前面的fixation，与“问题在先”时的“原型（12 s）”减去它前面fixation的“conjuction”脑区。

数据分析显示，在“问题在先”与“原型在先”两种不同条件下，正确解决问题时激活的共同脑区有右侧舌回（right lingual gyrus）、左侧内侧额叶（left medial frontal gyrus）、左侧枕中回（left middle occipital gyrus）、左侧豆状核（left lentiform nucleus）（见表6-1）。

表6-1　“问题在先”与“原型在先”激活的共同脑区

区域	半球	BA	Talairach坐标			*t*	激活量
			x	*y*	*z*		
Lingual Gyrus	右	18	18	−85	−5	6.235	7934
Medial Frontal Gyrus	左	6	−6	5	52	5.963	1004

续 表

区域	半球	BA	Talairach坐标			t	激活量
			x	y	z		
Middle Occipital Gyrus	左	18	−21	−85	−5	6.163	8829
Lentiform Nucleus	左		−15	8	10	5.726	1387

在"问题在先"条件下，原型呈现之后被试的认知过程包括三个要素：对原型（表述文字）的阅读、相关问题的自动激活与启发式思维。此处的原型激活指标减去"原型在先"条件下的原型阅读之后的激活指标，即可得到"问题在先"对原型启发影响的脑区，即"问题在先"条件下的"原型（12 s）"减去"原型在先"条件下的"原型（12 s）"，结果显示主要包括左侧颞中回（left middle temporal gyrus）、左侧额中回（left middle frontal gyrus）（见表6−2和图6−3）。

表6−2　"问题在先"对原型启发影响的脑区

区域	半球	BA	Talairach坐标			t	激活量
			x	y	z		
Middle Temporal Gyrus	左	39	−33	−61	28	6.234	710
Middle Frontal Gyrus	左	6	−39	−12	49	5.419	1930

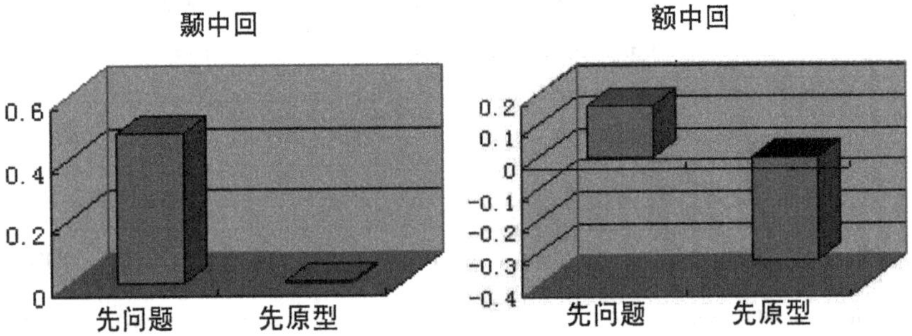

图6−3　"问题在先"对原型启发影响的脑区BOLD信号变化

在“原型在先”条件下，情境问题呈现之后被试的认知过程包括三个要素：对问题（表述文字）的阅读、相关原型的自动激活与启发式思维。此处的情境问题激活指标减去“问题在先”条件下的情境问题阅读之后的激活指标，即可得到“原型在先”条件下原型启发激活的脑区（无问题先导对原型启发影响的脑区），即“原型在先”条件下的“情境问题（14 s）”减去“问题在先”条件下的“情境问题（14 s）”，结果显示主要包括左侧扣带回（left cingulate gyrus）、左侧中央前回（left precentral gyrus）（见表6-3和图6-4）。

表6-3　“原型在先”对原型启发影响的脑区

区域	半球	BA	Talairach坐标			t	激活量
			x	y	z		
Cingulate Gyrus	左	32	−6	23	34	6.371	2362
Precentral Gyrus	左	9	−33	8	34	5.859	2102

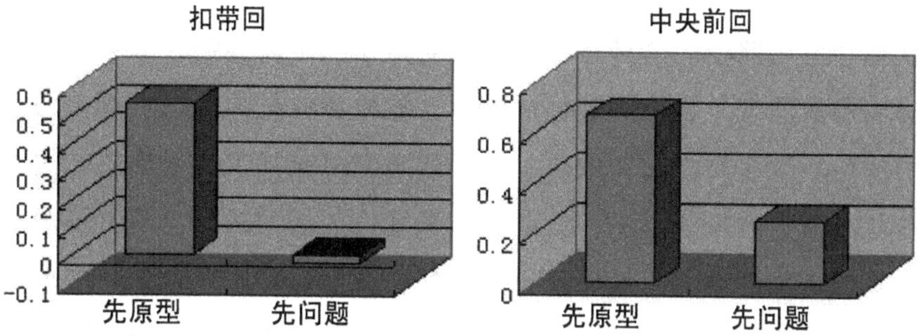

图6-4　“原型在先”对原型启发影响的脑区BOLD信号变化

4　讨论

4.1　原型位置效应的行为结果

在解决一个科学创造问题的过程中，当找不到解决方法时，有时候会偶然碰到一个表面上看似与问题无关的事物，并从中得到解决这个问题的新思路，这个时刻即灵感闪现。

科学创造的具体认知过程，是由互相联系的两个认知环节构成的。第一，科学创造者遇到一个难题，这个问题成为大脑中的一个兴奋点，其激活阈值极低，很容易被自动激活。第二，后来在偶然间遇到一个表面上看似与问题不相关的事物的时候，发现了这个事物和问题之间的联系（问题的自动激活），并从这个事物（原型）中得到启发，通过非逻辑的直觉思维一下子发现了解决难题的新思路。

科学创造者在面对不相关事物（原型）的时候，如何从中受到启发并发现解决科学难题的新思路（问题的自动激活），是大脑的“神秘”机制——顿悟（或灵感闪现）的认知神经机制在起作用。这种机制通常涉及大脑的多个区域，包括前额叶皮层、海马体和杏仁核等。当科学家在研究过程中遇到看似无关的原型时，这些区域会协同工作，通过神经网络的重新连接和信息的重新整合，产生新的联想和思维路径。这种过程往往在意识层面难以察觉，但会在某个瞬间突然涌现，带来突破性的灵感。放松和休息的状态有助于顿悟的产生。许多科学家在散步、洗澡或睡觉时获得了重要灵感。这可能是因为在放松状态下，大脑的前额叶皮层活动减弱，减少了对已有知识框架的固守，从而更容易接受新的信息和联想。为了促进这种认知神经机制的发挥，科学家们常常采用类比思考、思维导图、头脑风暴等方法，试图打破常规思维模式，激发潜在的创新灵感。通过这些方法，他们能够更好地利用大脑的这种“神秘”机制，从而在看似不相关的原型中发现新的问题解决方案。

在本实验条件下，原型启发有两种范式：“先呈现问题、后呈现原型”和“先呈现原型、后呈现问题”。结果显示，第一种实验效果更好，而且更符合现实中科学创造者的思考方式。为什么会出现这种差异呢？我们发现可能有以下两种原因：

（1）对原型的表征方式不同。具体地说，在“问题在先”条件下，出现情境问题后，被试会在大脑中形成一个问题表征，并对问题的关键技术障碍形成一个认知，并相应产生一个功能上的“心理需求”或“注意定向”（例如，宇航服设计问题中对“又坚硬又可以弯曲”功能的需求）。这种心理上的准备状态可能会产生启动效应，影响其后出现的对原型材料的表征。这种有心理准备之下的原型表征更容易有方向、有目标地突出与问题解决思路有关的科学原理（即关键启发信息，例如，在宇航服问题的启动之下，对虾子的表征就会突出其外壳的环状连接结构具有“又坚硬又可以弯曲”的功能），并正好与之前在大脑中存在的问题形成联系，被试能够很快地从原型表征（虾子外壳的“环状连接结构”使其“又坚硬又可以弯曲”）中找到解决问题的方法（将宇航服做成虾子外壳那样的“环状连接结构”），这与先前的一项行为研究结果一致。①相对而言，在“原型在先”条件下，被试在没有明确问题的情况下对原型进行加工和表征，很难突出其中的关键启发信息（例如，对虾子的表征可能指向其营养价值、价格高低、水生习性等），因此可能将整个原型的各种属性或各个方面的信息不分轻重地都加以表征，这样情境问题呈现之后，被试将更难在原型表征的各种信息中提取对眼前问题有关键启发作用的信息。

（2）激活的容易度不同。就本实验而言，在“问题在先”条件下是在加工原型的时候自动激活某一相关问题，而在“原型在先”条件下是在加工问题的时候自动激活某一原型。二者激活方式不同，激活的容易度也不同。这与蔡格尼克记忆效应有关。蔡格尼克记忆

① 朱海雪，罗俊龙，杨春娟，等．发明创造问题解决中的原型位置效应[J]．心理科学，2012，35(1)：70-75.

效应是指人们天生有一种办事有始有终的驱动力，人们之所以会忘记已完成的工作，是因为欲完成的动机已经得到满足；如果工作尚未完成，这同一动机便使他对此留下深刻印象。[①]在“问题在先”条件下，先呈现的是未解决的问题，在大脑中产生一种蔡格尼克记忆效应，更容易在加工原型的时候激活这个问题，产生直觉或灵感；而在“原型在先”条件下，原型是一种知识性的文字描述（例如对虾子的描述），不会像问题那样产生蔡格尼克记忆效应，因此在其后加工问题的时候就不太容易激活原型。由此可以看到，“爱思考问题”“对未解决问题的持续敏感”是影响原型启发效应的重要因素。爱迪生1903年曾经说过，天才是99%的汗水加1%的灵感。灵感往往青睐那些有准备的头脑。俄国著名作曲家柴可夫斯基更是形象地说：“灵感是这样一位客人，他不爱拜访懒惰者。”

4.2 在“问题在先”和“原型在先”条件下共同激活的脑区

本研究采用“问题在先”与“原型在先”两种处理，它们都属于顿悟问题解决。“问题在先”任务是从原型中启发问题，而“原型在先”任务是从问题中启发原型。结果显示，“问题在先”与“原型在先”正确解决问题时共同激活的脑区有右侧舌回、左侧内侧额叶、左侧枕中回、左侧豆状核。这与前人的研究结果一致。前人的研究中发现，右侧舌回在早期知觉水平上与探测新颖刺激有关[②]；内侧额叶与认知控制有关，内侧额叶与扣带回的活动启动得比较早，甚至可以发生在顿悟之前的酝酿阶段[③]；左侧枕中回与视觉性注意活动有

---

① Zeigarnik B.Das behalten von erledigten und unerledigten handlungen[J].Psychologische Forschung,1927(9):1-85.

② Stoppel C M,Boehler C N,Strumpf H,et al.Neural correlates of exemplar novelty processing under different spatial attention conditions[J].Human Brain Mapping,2009,30(11):3759-3771.

③ 罗劲，张秀玲．从困境到超越：顿悟的脑机制研究[J].心理科学进展，2006，14(4):484-489.

关[1]；左侧豆状核与语言表达和词语短时记忆有关。

在本研究中，左侧内侧额叶的活动启动得比较早，甚至可能发生在顿悟之前的酝酿阶段，主要体现在问题解决之前的认知控制（激活问题或激活原型）阶段；左侧枕中回主要与视觉有关，左侧豆状核与语言表达和词语短时记忆有关，它们主要体现在对文字的阅读和记忆上；右侧舌回主要与启发信息的提取有关，用于问题解决。这四个脑区是顿悟发生的重要脑区，但并不意味着顿悟的产生只与这四个脑区有关，前人也有研究[2][3][4][5]发现，ACC、Parietal Lobe（顶叶）是与顿悟的Aha效应有关的脑区。这也说明了顿悟的灵活性和复杂性，也是后期需要进一步探索和验证的。而本研究中共同激活的脑区之所以没有出现ACC、Parietal Lobe，以ACC为例，可能有两方面的原因：第一，被试间设计在数据处理上敏感程度较低，组间差异可能导致两组数据叠加的时候，一些脑区的激活程度不能够达到统计的显著性标准，因此我们的结论应该更加谨慎；第二，可能产生了冲淡效应（在“原型在先”条件下发现了ACC的显著激活，但是在“问题在先”条件下却没有，两者合并在一起的时候就产生了冲淡效应）。而且在“原型在先”条件下，是眼前定式被立即打破，而在“问题在先”条件下是先前的定式被打破，在认知上二者都是打破定式，找到新的空间，产生Aha效应，但是在“问题在先”

① Kounios J, Frymiare J L, Bowden E M, et al.The prepared mind: neural activity prior to problem presentation predicts subsequent solution by sudden insight [J]. Psychological Science, 2006, 17(10): 882-890.

② Bowden E M, Jung-Beeman M.Aha! Insight experience correlates with solution activation in the right hemisphere[J].Psychonomic Bulletin & Review, 2003, 10(3): 730-737.

③ Bowden E M, Jung-Beeman M, Fleck J, et al.New approaches to demystifying insight [J].Trends in Cognitive Sciences, 2005, 9(7): 322-328.

④ Mai X Q, Luo J, Wu J H, et al.“Aha!” effects in a guessing riddle task: an ERP study [J].Human Brain Mapping, 2004, 22(4): 261-270.

⑤ Qiu J, Li H, Jou J, et al.Neural correlates of the “Aha” experiences: evidence from an fMRI study of insight problem solving[J].Cortex, 2010, 46(3): 397-403.

条件下，多个原型呈现之后，产生对前面问题的干扰，所以打破定式之后产生Aha效应的惊喜感会降低，即冲淡了Aha效应。

4.3 在“问题在先”和“原型在先”条件下激活的不同脑区

4.3.1 在“问题在先”条件下显著激活的脑区

在“问题在先”条件下比在“原型在先”条件下原型启发效应高，这一现象的产生有其脑机制上的原因。本实验的脑记录结果显示，“问题在先”条件下带着问题看原型比“原型在先”条件下单纯加工原型，更显著激活的脑区有左侧颞中回和左侧额中回。

Caplan等研究发现，左侧颞中回主要参与语言中的语义方面的加工。[①]一些脑成像研究也发现左侧颞中回与语义控制有关。Indefrey等对双侧颞中回进行口头词语加工研究，结果发现，左侧颞中回比右侧颞中回有更明显的激活。[②]Bechtereva等采用复杂任务和简单任务作为实验条件进行研究，其中复杂任务与创造性有关，脑成像结果显示，左侧颞中回在复杂任务下比在简单任务下激活更显著，而且他们还发现，颞中回还可能与言语的工作记忆、语义转换、灵活性以及其他一些加工过程有关。[③]综上，颞中回可能参与语义加工。问题解决者在遇到原型的时候，之所以能够自动激活情境问题，是由于问题解决者对原型的表征和对问题的表征两者之间包含了相同的语义。例如在解决宇航服问题的时候，被试产生了“怎样使宇航服既有硬度又能自由弯曲”的语义表征，而加工虾子这个原型的

---

① Caplan D, Hildebrandt N, Makris N.Location of lesions in stroke patients with deficits in syntactic processing in sentence comprehension[J].Brain: a journal of neurology, 1996, 119(3): 933-949.

② Indefrey P, Cutler A.Prelexical and lexical processing in listening[M].Cambridge: MIT Press, 2004.

③ Bechtereva N P, Korotkov A D, Pakhomov S V, et al.PET study of brain maintenance of verbal creative activity[J].International Journal of Psychophysiology, 2004, 53(1): 11-20.

时候又形成了“结构（环状结构）—功能（既坚硬又可以弯曲）”的语义联结。这样，问题表征中的“怎样使宇航服既有硬度又能自由弯曲”和虾子表征中的“结构（环状结构）—功能（既坚硬又可以弯曲）”的语义高度一致，所以能够在加工虾子这个原型的时候激活宇航服问题，并发现问题解决的新思路。本实验的脑成像结果显示，这个过程主要是颞中回在起作用。

Mashal等研究发现，左侧额中回主要参与将新异的、创造性的含义归因于图表表达。①邱江等采用fMRI技术对Aha与No-aha两种实验任务进行比较研究发现，在Aha条件下额中回有显著激活，他们发现额中回可能与形成新异联系有关。②Seger等让被试从很多个新异的名词中想出两个寻常的和不寻常的动词，脑成像结果显示，额中回区域显著激活。③综上所述，额中回可能主要与形成新异联系有关。在本研究中，在“问题在先”条件下带着问题看原型与单纯看原型相比，额中回激活显著，其主要功能就是在虾子的表征和激活的宇航服问题之间建立起新颖的联系，即将宇航服需要自由弯曲的部位做成虾子外壳的样子，使问题的解决找到新的思路。

4.3.2 在“原型在先”条件下显著激活的脑区

脑成像结果显示，在“原型在先”条件下加工问题比在“问题在先”条件下单纯加工问题，更显著激活的脑区有左侧扣带回和左侧中央前回。

在“原型在先”条件下的左侧扣带回的激活显著，主要表现在

① Mashal N, Faust M, Hendler T, et al.An fMRI investigation of the neural correlates underlying the processing of novel metaphoric expressions [J].Brain and Language, 2007, 100 (2): 115-126.

② Qiu J, Li H, Jou J, et al.Neural correlates of the “Aha” experiences: evidence from an fMRI study of insight problem solving[J].Cortex, 2010, 46(3): 397-403.

③ Seger C A, Desmond J E, Glover G H, et al.Functional magnetic resonance imaging evidence for right-hemisphere involvement in processing unusual semantic relationships[J].Neuropsychology, 2000, 14(3): 361-369.

BA32区，即ACC。罗劲、张秀玲研究发现，ACC发生于顿悟启动的早期阶段，在思维定式的打破过程中起到一个“早期预警系统”的作用，在思维定式的“打破”（即顿悟）上发生在顿悟之前的酝酿阶段。[①]邱江等也发现，在激活启发信息促发顿悟的过程中，ACC起到了重要的作用，可能主要与思维定式的成功打破有关。[②]在本研究中，在“原型在先”条件下加工问题比在“问题在先”条件下单纯加工问题有更显著的扣带回激活，其原因可能是在原型先呈现的时候，由于没有问题的指引，被试对原型的表征没有突出关键启发信息，而更多地加工了无关信息，因此在遇到问题而需要运用原型的关键启发信息时则更可能需要打破先前表征的定式。这个打破思维定式的过程需要扣带回的参与。

在“原型在先”条件下还发现了左侧中央前回的显著激活。Amunts等在让被试进行图片命名的研究中发现，中央前回与语义、句法、音韵的信息选择有关，中央前回将这些信息整合在一起，从而使问题解决。[③]在本研究中，问题呈现之后，在扣带回的作用下打破了思维定式，此时就需要由中央前回来重新选择原型中的语义信息（关键启发信息），并将这些信息与问题中的信息整合在一起，从而将问题解决。

因此，在“原型在先”条件下的顿悟，更多地依靠左侧扣带回（主要是ACC）和左侧中央前回的协同作用。

---

① 罗劲，张秀玲.从困境到超越：顿悟的脑机制研究[J].心理科学进展，2006，14(4)：484-489.

② Qiu J，Li H，Jou J，et al.Neural correlates of the “Aha” experiences：evidence from an fMRI study of insight problem solving[J].Cortex，2010，46(3)：397-403.

③ Amunts K，Weiss P H，Mohlberg H，et al.Analysis of neural mechanisms underlying verbal fluency in cytoarchitectonically defined stereotaxic space—the roles of Brodmann areas 44 and 45[J].NeuroImage，2004，22(1)：42-56.

4.4 不同原型位置激活脑区的异同的启发

综合上述讨论，不管是“问题在先”还是“原型在先”任务，它们都属于原型启发（虽然启发效应的产生方式不同），脑区激活结果也发现两种条件下激活的共同脑区有4个，说明这4个脑区可能是原型启发所必需的脑区，是顿悟的原型启发的必要条件。

进一步探讨原型启发与认知灵活性之间的联系发现，那些在“问题在先”任务中表现出更高认知灵活性的参与者，其脑区激活模式也有所不同。具体来说，这些参与者在前额叶皮层的激活程度更高，这表明前额叶皮层可能在调节认知灵活性方面发挥着关键作用。前额叶皮层与工作记忆、决策制定和抑制控制密切相关，这些功能对于在面对复杂问题时灵活运用原型启发至关重要。此外，研究还发现，当参与者在“原型在先”任务中表现出更高的原型启发效果时，其颞叶和顶叶的激活程度也较高。这可能意味着，颞叶和顶叶在处理和整合原型信息方面扮演着重要角色。颞叶与记忆和感知处理有关，而顶叶则与空间认知和注意力调节有关。这些脑区的协同工作可能有助于在面对问题时迅速提取和应用相关的原型信息。

了解原型启发在大脑中的神经基础，对于教育和创新领域具有重要的启示意义。在教育实践中，教师可以通过设计与原型相关的教学活动，激发学生的认知灵活性和创新思维。例如，通过案例分析、角色扮演和模拟实验等方式，引导学生在学习过程中主动寻找和应用原型，从而提高他们的问题解决能力。在创新领域，原型启发的原理可以应用于产品设计、工程开发和科学研究等各个方面。通过鼓励创新者在设计和研究过程中借鉴和改进现有的原型，可以加速创新过程，提高创新效率。同时，了解原型启发的神经机制也有助于开发出更有效的创新思维培训方法，提升创新人才的培养质量。综上所述，原型启发不仅是一种认知策略，更是一种大脑处理信息和解决问题的重要方式。通过深入研究原型启发的神经基础，我们可以更好地理解人类的认知过程，并在教育和创新等领域发挥其潜力。

此外，“问题在先”与“原型在先”两种不同任务显著激活的脑区也有差别，在“问题在先”条件下显著激活了颞中回和额中回，在“原型在先”条件下显著激活了中央前回和扣带回。这说明这两种不同的激活模式是顿悟的原型启发的充分条件（而不是必要条件），也说明了原型启发方式的多样性和创造性思维机制的灵活性，在“问题在先”条件下显著激活的颞中回和额中回比在“原型在先”条件下显著激活的中央前回和扣带回，更具有优势并且更符合现实中科学创造的顿悟的发生机制。

4.5 未来研究展望

科学创造者在遇到表面上看似与问题不相关事物（原型）的时候，更可能从中找到解决科学创造难题的新思路。他们似乎更加“独具慧眼”，更容易在看到原型的时候自动激活相关的科学创造难题，并从原型的表征中提取有利于科学创造难题解决的启发信息（新思路）。为什么科学创造者能够从无关的事物中获得启发，这与他们的创造性人格和能力的关系是怎样的，是一个令人感兴趣的课题，有待进一步研究。

如前面讨论中所述，将头脑中未解决的问题和眼前的原型联系起来并获得启发，是顿悟的原型启发的关键。那么，科学创造者如何发现所遇到的大量事物中有启发价值的“原型”，是否在大脑中存在一个“自动响应机制”？如果存在，那么这个大脑“自动响应机制”是如何工作的？其可能的内在脑机制是怎样的？这也有待于进一步研究。

此外，蔡格尼克效应是否具有人格差异，如创造性不同、成就动机不同的人产生的蔡格尼克效应是否也会不同？即使不是顿悟问题而只是一些一般性的知识问题或记忆问题，是否也存在“问题先导”优势？这也有待于进一步研究。

本课题组后期将对这些问题进行进一步的探索研究。

5 结论

本研究采用科学创造问题为实验材料，采用“五对五”实验范式，探讨科学创造中顿悟的原型位置效应的脑机制。得到以下结论：

（1）行为结果显示，原型位置不同，在原型启发成功率上具有明显的位置效应，在“问题在先”条件下的成功率显著高于在“原型在先”条件下。

（2）在“问题在先”与“原型在先”条件下正确解决问题时激活的共同脑区有右侧舌回、左侧内侧额叶、左侧枕中回、左侧豆状核，与顿悟的脑机制的研究结果一致。

（3）科学创造中顿悟的原型位置效应的脑机制主要体现在：在“问题在先”条件下带着问题看原型比在“原型在先”条件下单纯加工原型，更显著激活的脑区有左侧颞中回和左侧额中回。在“原型在先”条件下加工问题比在“问题在先”条件下单纯加工问题，更显著激活的脑区有左侧扣带回和左侧中央前回。

第七章　科学创造中原型启发过程脑机制

1　引言

创造性思维一直以来都备受学者们关注，怎样提升学生的创造性思维一直是学者们要解决的难题。顿悟作为创造性思维研究的重要领域越来越受到广泛关注，虽然国内外学者采用不同的实验材料、实验范式、实验仪器对顿悟的认知神经机制进行了一系列探索，但由于顿悟具有非连续性、突发性等属性，关于顿悟的发生机制至今仍然未形成统一的结论。①

从认知过程来看，顿悟的发生是瞬间的、突然的，是人们在解决问题时产生豁然开朗的情绪的过程。由于顿悟发生过程时间较短，把握顿悟产生的整个过程机制难度很大，正是因为它的不可确定性和不可测性，引起了学者们的广泛兴趣，他们利用各种手段进行了大量探索。从顿悟研究的实验材料及实验范式来看，学者们最早采用双绳实验、蜡烛实验、九点连线、装缸、农场等分等问题来研究顿悟的发生，这些实验问题都难以抓住顿悟发生的瞬间，无法确定顿悟产生的认知过程。后来学者们采用了远距离联想任务、汉字字谜、谜语等实验材料，虽然从一定程度上满足了实验要求，对顿悟

① Kounios J, Beeman M.The cognitive neuroscience of insight[J].Annual Review of Psychology, 2014, 65: 71-93.

的发生找到了多个重要控制脑区，但是这些材料都属于人工材料，生态效度较低，对这些问题的解决能力无法与真实的创造性水平相提并论。[1][2]从这点来看，想抓住顿悟产生的瞬间，需要不断改进实验范式和实验材料。前人研究采用的材料基本以实验材料为主，与现实生活中遇到的难题具有较大差异。利用实验材料模拟真实生活中的问题解决过程才是研究创造性思维的关键，这就需要采用生态效度更高的与人们生活更贴切的实验材料。

“科学创造实验问题材料库”建立以后，学者们对顿悟原型启发的脑机制进行了一系列探索。首先，朱海雪等采用“原型在先”与“问题在先”两种实验范式，利用fMRI技术对科学创造问题解决中的顿悟原型启发效应进行探索，研究发现，两种条件下共同激活了右侧舌回、左侧枕中回、内侧额叶与豆状核。其中，在“原型在先”条件下主要激活了左侧扣带回与中央前回，在“问题在先”条件下主要激活了左侧颞中回与额中回，表明不同实验范式下顿悟原型启发的脑机制不同。[3]有人单独采用“原型在先”实验范式对顿悟原型启发的脑机制进行探索，结果显示左侧颞中回与右侧枕中回显著激活[4]；而单独采用“问题在先”实验范式进行探索，其中双侧海马、海马旁回显著激活[5]。这表明顿悟原型启发的产生受到实验范式、实验材料（难易度、启发量）等多种因素的影响，已有研究也表明：

① Beaty R E, Nusbaum E C, Silvia P J.Does insight problem solving predict real-world creativity?[J]Psychology of Aesthetics, Creativity, and the Arts, 2014, 8(3): 287-292.

② Lee C S, Huggins A C, Therriault D J.A measure of creativity or intelligence? Examining internal and external structure validity evidence of the Remote Associates Test[J].Psychology of Aesthetics, Creativity, and the Arts, 2014, 8(4): 446-460.

③ 朱海雪，杨春娟，李文福，等.问题解决中顿悟的原型位置效应的fMRI研究[J].心理学报，2012，44(8)：1025-1037.

④ Hao X, Cui S, Li W F, et al.Enhancing insight in scientific problem solving by highlighting the functional features of prototypes: an fMRI study[J]. Brain Research, 2013, 1534(0): 46-54.

⑤ 童丹丹，杨文静，李亚丹，等.发明问题解决中的蔡格尼克效应[J].科学通报，2015，60(36)：3583-3593.

顿悟是一个复杂过程，包含多种认知与情绪要素。[①]为了更好地探究顿悟原型启发的脑机制，减少实验范式等带来的差异，研究者将常规性问题（如阿基米德定律、鲁班发明锯子的例子）带入实验作为基线材料，对科学创造问题解决中顿悟原型启发的脑机制进行探索，fMRI结果显示，左侧舌回与楔前叶在科学创造问题解决中起重要作用，并指出启发式思维是顿悟问题解决的重要手段。[②]随着静息态技术的发展，李文福等同样以科学创造问题与常规性问题为实验材料，利用基于局部一致性和低频振幅的分析方法，进一步探索顿悟问题解决的脑机制，结果发现，主要是左侧前扣带回起作用。[③]

常规性问题材料不涉及创造性知识，来源于生活，难度较小，解决这类问题更多地靠知识经验，将其作为对比材料，会降低科学创造问题材料中因为熟悉度或难度带来的影响，得到的激活脑区结果可以作为顿悟原型启发脑机制的证据。从这些研究的不断改进来看，前人在科学创造问题解决的神经机制方面做了一系列探索，取得了许多突破，发现目前与科学创造问题解决中的顿悟原型启发关系密切的脑区主要有右侧的舌回、枕中回和左侧的枕中回、内侧额叶、豆状核、扣带回、前扣带回、中央前回、颞中回、额中回、舌回、楔前叶，以及双侧海马、海马旁回等。

前人关于顿悟原型启发效应丰富的研究成果更加说明了顿悟产生的复杂性，目前没有形成共识。正是由于实验范式、实验材料、实验手段的不同导致顿悟的产生机制具有差异性，导致取得的结果

① Shen W B, Yuan Y, Liu C, et al.In search of the“Aha!” experience: elucidating the emotionality of insight problem-solving [J]. British Journal of Psychology, 2016, 107 (2): 281-298.

② Luo J, Li W F, Qiu J, et al.Neural basis of scientific innovation induced by heuristic prototype[J]. Plos One, 2013, 8(1): e49231.

③ 李文福，童丹丹，邱江，等.科学发明问题解决的脑机制再探[J].心理学报，2016，48(4):331-342.

无法进行横向比较。因此，把握顿悟产生的过程和内在本质，对于顿悟研究意义重大。以科学创造问题为实验材料进行的顿悟研究主要基于顿悟的原型启发理论。根据原型启发理论，顿悟的产生主要包括两个过程：相应的“激活”过程与“自动响应”过程。[①②]激活是顿悟产生的前提条件，相应的激活过程主要是将原型或情境问题中的“有用”信息进行表征，储存到大脑中。这里的“有用”信息是指原型中的“特征性功能”和问题中的“需求性功能”。自动响应过程是指原型中的“特征性功能”和问题中的“需求性功能”由于存在语义上潜在的相似性，二者之间产生了自动响应。[③]以下文中的实验组样例1为例，原型的“特征性功能”是指“使植物在脱水时细胞膜不受到损伤”，问题的“需求性功能”是指“研发一种不必冷藏也能存活的疫苗”。从问题需求出发，由于“疫苗含有大量水分”，所以必须冷藏，但冷藏成本太高，而原型中的功能语义指出“非洲有一种植物，体内含有多酚，多酚能使植物在脱水时细胞膜不受到损伤”，此时原型中的特征性功能便与问题的需求性功能之间存在潜在的语义相似性，即“不必冷藏也能存活”，被试寻找到了原型与问题之间潜在的语义相似性，便利用类比推理将问题解决。[④]在这个过程中，相似性是影响功能语义类比推理的重要因素[⑤]，且功能语义相

① 张庆林，邱江，曹贵康．顿悟认知机制的研究述评与理论构想［J］．心理科学，2004，27（6）：1435-1437.

② 张庆林，田燕，邱江．顿悟中原型激活的大脑自动响应机制：灵感机制初探［J］．西南大学学报（自然科学版），2012，34（9）：1-10.

③ 朱海雪，张庆林．科学发明问题解决中大脑自动响应机制再探［J］．心理科学，2018，41（6）：1333-1338.

④ Green A E，Kraemer D J M，Fugelsang J A，et al.Neural correlates of creativity in analogical reasoning［J］．Journal of Experimental Psychology：Learning Memory and Cognition，2012，38（2）：264-272.

⑤ 罗蓉，胡竹菁．相似性、相似性组合及元认知监控对问题类比推理的影响研究［J］．心理与行为研究，2010，8（4）：246-251.

似度越高，越容易解决问题。[①]

根据原型启发理论，顿悟的产生主要包括相应的“激活”与“自动响应”过程，原型与问题之间的相似性越高，问题解决成功率越高，而对于相似性较低的题目，被试虽然能够找到原型与情境问题之间的一丝关联并响应，但被试难以在短时间内找到关键启发信息，无法应用到问题解决中，导致顿悟难以发生。这也就意味着响应过程不等于顿悟一定发生。因此，本研究除了要厘清相应的“激活”与“自动响应”过程的认知机制如何，分别受哪些脑区控制，各脑区起什么作用，还需要进一步研究响应阶段的脑区，找到顿悟产生的重要脑机制。

2 科学创造中原型启发“激活”过程脑机制研究

2.1 方法

2.1.1 被试

随机选取某大学在校生作为实验被试，所选取的被试与此前做过此类实验的被试数据库进行比对，最后从随机选取的被试中筛选出16名符合要求的被试进行实验。16名被试中包括9名女生（20—25岁，平均年龄22.22岁，*SD* = 1.86）和7名男生（20—27岁，平均年龄 = 22.57岁，*SD* = 2.23）。被试进行实验前均签署知情同意书，实验结束均获得相应的实验酬劳。

2.1.2 实验材料

从“科学创造实验问题材料库”中选取42个完整题目为实验材料，每个题目都包括情境问题和相应的原型（RP），并额外选取42

① 张庆林，田燕，邱江．顿悟中原型激活的大脑自动响应机制：灵感机制初探[J]．西南大学学报（自然科学版），2012，34（9）：1-10.

个不相应的原型材料作为对照组（UP），也就是说有42个情境问题对应84个原型材料，被试需要从中选择与情境问题相匹配的原型材料来解决问题。该材料库中的问题均来自科学创造实例，不涉及高深的专业知识。下面是两个样例：

实验组样例1：

情境问题：疫苗含有大量水分，存放时需要冷藏，但冷藏需消耗很多能源，并且一些运输车辆和偏远地区，不具备冷藏条件。如何研发一种不必冷藏也能存活的疫苗？

原型：非洲有一种植物，体内含多酚，多酚能使植物在脱水时细胞膜不受到损伤，因此在旱季该植物会干枯，但到了雨季又恢复生机。

实验组样例2：

情境问题：如果要消灭森林中的蛾类害虫，使用化学药剂最有杀伤力，但是用药量大、成本高、污染环境。如何用少量的化学药剂最大量地杀灭害虫？

原型：雌蛾分泌很少量的性外激素就可以将很远处的雄蛾吸引过来。科学家做过这样一个实验：将一只雌锯蝇关在笼子内，竟有一万一千多只雄锯蝇被雌锯蝇分泌的性外激素吸引而来，雄锯蝇将笼子团团围住。

2.1.3 实验变量

因变量：科学创造问题解决的正确率及脑区激活量。

自变量1：被试内变量，分有相应原型匹配（RP）和无相应原型匹配（UP）两种条件。

自变量2：创造性倾向。创造性倾向采用《威廉斯创造力倾向测验量表》进行测量，量表包括50个题目，分为冒险性、好奇心、想象力、挑战性4个维度，其信度系数在0.549～0.670之间，分半信度为0.845，表明该测验具有较高的内部一致性，主要用于激活脑区的验证。

2.1.4 实验步骤

被试提前一天到实验室对情境问题进行学习并熟悉，实验进行过程中不再进行学习。为了消除被试污染，实验只允许从未见过此类材料的学生参加。在实验前一天，被试被要求在没有原型的情况下解决42个科学创造情境问题。如果学生从来没有见过这样的材料，他们只能解决其中的一些问题。此外，被试还被要求记住这些问题，特别是未解决的问题，因为这些问题将不会在MRI扫描仪中出现。

为了让被试能够熟悉实验流程，在正式实验之前会进行练习实验（在普通实验室进行），练习实验与正式实验流程相同，练习实验中的材料不会呈现在正式实验中。在核磁共振扫描仪中，84个原型测试在两个独立的模块中以事件相关的设计呈现。具体实验流程：每次实验以屏幕中央显示“+”开始，持续时间为2秒。然后，原型（RP或UP）被随机呈现在屏幕中央14秒。要求被试将所呈现的RP与一个情境问题联系起来（学生们在测试前一天熟悉了所有的情境问题），以获得情境问题的灵感。如果他们认为所呈现的原型是RP，能与之前见过的情境问题联系起来并能解决问题，则快速按下“1”键。如果他们认为呈现的原型是UP，则快速按下“2”键。随后，一个问题（正确答案与错误答案的比例为1：1）呈现4秒，在此期间，要求被试评估这个问题是否与他们之前见到的原型有关。如果他们在原型呈现阶段已经按下“1”键，则这一步骤只能按下“1”键，如果之前没有想到过这个问题就快速按下“2”键。如果他们在原型呈现时按了“2”键，那么在此阶段他们也被要求按“2”键。最后，空白屏幕上呈现6秒倒计时，供被试组织答案。扫描后，参与者须完成一份包含正式测试中所有原型的问卷，并在40分钟内写出情境问题的答案。之后，他们须在10分钟内完成《威廉斯创造力倾向测验量表》。

2.1.5 数据采集

功能像在3.0 T全身磁共振成像仪上获得。进入扫描室之前，被试需换上实验室专门准备的无金属服装，由专门实验人员进行安全检查后方可进入扫描室。为防止被试进行实验时头部晃动而影响实验采集效果，研究采用专门的头部固定衬垫对被试头部加以固定，并用语言提醒被试在实验过程中尽量维持头部固定。在实验过程中，任务主要以视觉刺激形式呈现在电脑上，采用倒视镜装置，被试根据倒视镜中呈现的任务来按键，按键手柄在手的两侧（之前已让被试熟悉每个按键的位置）。为减少磁共振成像仪产生的噪声对实验效果的影响，每个被试会佩戴防噪耳塞。在实验进行前，提醒被试适当放松，可以闭眼休息。在每个run开始之前，有10 s时间的准备提示，以使扫描仪的信号趋于稳定，利于采集到更优质的图像。这时提醒被试闭上眼睛休息，准备继续进行实验。

全脑功能像由T2*加权单次激发梯度回波的EPI序列获得，功能像相关参数如下：TR = 2000 ms，TE = 30 ms，反转角为90°，扫描视野 = 220 × 220 mm^2，acquisition matrix = 64 × 64，轴位32层，层厚 = 3.0 mm，voxel size = 3.4 × 3.4 × 3.0 mm^3。通过E-prime2.0软件程序控制每个trial的呈现与扫描同步。结构像扫描参数：TR = 1900 ms，TE = 2.52 ms，轴位176层，层厚 = 1.0 mm，层间距 = 0.5 mm，反转角为90°，扫描视野 = 256 × 256 mm^2。

2.1.6 数据处理与分析

fMRI数据采用Brain Voyager QX v2.0软件进行随机效应模式统计分析。首先对功能像进行时间点对齐和头动矫正，并对图像进行各向同性高斯平滑（FVHM = 6 mm），对处理过的图像进行数据标准化，最后将功能像与全脑三维结构像对齐和进行空间标准化。将每个被试的功能像与结构像均对齐和进行标准化分析完毕后，对所有的数据做组分析，比较标准为无校正情况下，激活体素大于或等于20。提取各激活簇的像素点Talairach坐标值（x，y，z），用Talairach Client坐标软件进行脑结构和功能分区坐标定位，取得各激活簇像素点的脑区定位。把激活簇像素叠加到个体的高分辨率结构图像上，得到三维激活图像。最后将功能像与结构像对齐。

在不同条件下每次试验的开始和持续时间（注视，RP/UP和技术问题，空白屏幕；从RP/UP条件的启发信息中正确激活问题被认为是启发效应）是每个受试者在不同实验条件中得出的。个体参与者BOLD信号变化的多元回归分析值与典型血流动力学反应函数值相乘，作为一般线性模型（GLM）中的协变量。在随机效应模型中对RP和UP（RP > UP）问题进行全脑定向比较，且进行分组分析，$p < 0.005$（$t = 3.29$，未校正）且包含至少10个体素的区域被认为有意义，并被覆盖在膨胀的大脑上以实现可视化。为了研究发现的区域的认知意义，我们分别从每个受试者中提取每个区域内RP的平均β值，并将其与RP的行为数据进行相关性分析（准确性），平均β值和创造性倾向得分同样采用SPSS 17.0进行分析。

2.2 结果

2.2.1 评分标准

最终正确率是根据被试在电脑程序测验上的按键反应和事后写在答题纸上的答案进行综合评分，具体评分标准为：首先，由三位评分者（均为经过训练的实验者）根据被试在答题纸上写下的答案，对被试的问题解决方案进行细致评分，结果分为正确解决问题和未正确解决问题两种情况。其次，统计被试在机器上的按键反应，分为正确解决问题和未解决问题两种情况。最后，综合两部分结果，分为两种情况：正确解决问题，记1分；没有正确解决问题，记0分。在本实验中，RP中的正确率为学生在原型呈现时按“1”键，然后在情境问题呈现时按“1”键，最后在问卷中回答正确。UP中的正确率为学生在原型呈现时按“2”键，在情境问题呈现时按“2”键，最后在问卷中回答正确。

其中，事后答案的记分：评分者将被试按键之后的“口头报告答案”划分为三种情况（没有激活原型也没有正确解决问题；只激活原型而没有正确解决问题；激活原型并能运用其中的关键启发信息正确解决问题），然后进行记分（第一、二种情况记0分，第三种情况记1分）。例如，对于问题“怎样使宇航服既有硬度又能自由弯曲呢?”（其原型是，煮熟的虾子，其身体部分的外壳既坚硬又可以弯曲），如果被试的回答是“使宇航服的材料更厚更坚硬”，这样其实没有激活原型也没有解决问题，只是对问题的重复，这种情况记0分；如果被试回答“做成虾壳状”，这只是激活了原型而没有解决问题，记0分；如果被试回答“仿照煮熟虾子的外壳既坚硬又可以弯曲的原理，将宇航服需要自由弯曲的部位做成虾子外壳的样子”，则为正确答案，记1分。对于少数不一致的记分结果由主试最后审核、确定。

2.2.2 实验结果

2.2.2.1 行为实验结果

根据扫描中的行为反应和事后问卷回答情况，RP和UP任务的正确率分别为65.3%（SD = 0.132）和54.1%（SD = 0.093）。此外，RP和UP正确解决问题所需的反应时分别为7614 ms（SD = 1780）和7712 ms（SD = 1907）。为检验RP和UP两组任务的正确率及反应时之间的差异，采用独立样本t检验对其进行检验，结果显示：RP的平均正确率显著高于UP［$t = 2.654$，$p < 0.05$］，但RP和UP的平均反应时差异无统计学意义［$t = 0.162$，$p > 0.05$］。为了进一步研究科学创造问题解决中激活过程的脑机制，研究所叠加的fMRI数据均来自被试正确解决问题的trial，行为结果表明，被试正确解决问题的概率可达到叠加要求，可以进行fMRI数据叠加。

2.2.2.2 脑机制实验结果

为探索科学创造问题解决中激活过程的脑机制，本实验运用Brain Voyager QX v2.0分析软件进行脑区激活的分析。数据分析显示，“激活”过程中激活的脑区有左侧角回（left angular gyrus，BA39）和左侧额中回（BA9），具体结果见表7-1与图7-1。

表7-1 科学创造问题解决中激活过程的脑机制

激活脑区	半球	BA	Talairach 坐标			t	激活体素
			x	y	z		
RP>UP							
角回	LH	39	−39	−64	37	4.961	1226
额中回	LH	9	−45	8	37	4.195	535

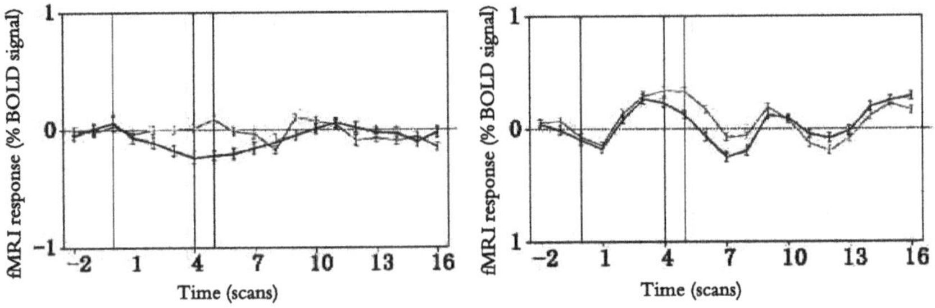

图7-1 脑区BOLD信号变化

2.2.2.3 脑区验证结果

为了验证激活的脑区为科学创造问题解决时“激活”过程中的

控制脑区，本研究将激活脑区的β值与科学创造问题解决的正确率进行相关分析。结果显示：左侧角回与左侧额中回的β值与科学创造问题解决的正确率显著相关（$p < 0.05$），具体结果见表7–2。

表7–2　激活脑区的β值与正确率的相关分析

	左侧角回	左侧额中回
正确率	.738**	.509*

此外，本研究事后还进行了《威廉斯创造力倾向测验量表》测试，这一得分从一定程度上也可以反映出被试的创造性水平（具体结果见表7–3）。因此，本研究将威廉斯创造力倾向分数作为另一个脑区验证的标准进行统计分析。结果表明：左侧角回和左侧额中回的平均β值与创造性倾向得分显著相关（$p < 0.05$）；想象力和挑战性与左侧角回显著相关（$p < 0.05$）（见表7–4）。

表7–3　创造性倾向分数与正确率的相关分析

	冒险性	好奇心	想象力	挑战性	创造性倾向
正确率	.704**	.534*	.775**	.679**	.809**

表7–4　激活脑区的β值与创造性倾向的相关分析

大脑区域	冒险性	好奇心	想象力	挑战性	创造性倾向
左侧角回	.475	.426	.690**	.519*	.647**
左侧额中回	.414	.226	.804**	.415	.610*

2.3　讨论

启发式思维是从原型中获取灵感的认知过程，它包括两个过程：激活过程与自动响应过程。第一个过程是当被试看到一个原型材料时，他们会从许多问题中自动激活一个相关的情境问题。第二个过程是应用原型中的关键启发信息，找到解决问题的新思路，从而形成新联想，是将启发信息与新想法联系起来的认知过程。[①]本研究探讨了科学创造中获取灵感的神经机制，即激活过程的脑机制。fMRI数据显示，RP组左侧角回和左侧额中回比UP组更活跃。相关分析显示，这两个大脑区域的平均β值与创造性倾向得分呈正相关，表明这些区域可能与创造性有关。RP的行为准确率也与创造性倾向显著相关，两个脑区的平均β值进一步证实了上述发现。这意味着左侧角回与左侧额中回可能是科学创造问题解决中激活过程涉及的重要脑区。进一步的研究揭示，左侧角回和左侧额中回的活动不仅在科学创造问题解决中起到关键作用，而且在绘画创作和音乐创作中也表现出类似的模式。研究者们通过fMRI技术观察到当参与者在进行绘画或作曲等创造性活动时，这两个脑区的活跃程度显著提高。这表明，无论是科学、绘画还是音乐领域，左侧角回和左侧额中回都可能在思维的灵活性、概念的整合以及新奇想法的生成中扮演着至关重要的角色。此外，研究还发现，这些脑区的活动与个体的教育背景和专业训练也有一定的关联。那些在某一领域接受过长期专业训练的人，在进行相关创造性任务时，左侧角回和左侧额中回的活动更加协调和高效。这可能是因为长期的专业训练使得大脑在相关领域形成了更加稳固和优化的神经网络。为了更深入地理解这些脑区在创造性思维中的作用，研究者们还设计了一系列实验，通过改变任务难度和创造性要求，观察参与者大脑活动的变化。结果表明，在面对更高难度和更具创造性的任务时，左侧角回和左侧额中回的活动强度和持续时间都有所增加。这进一步支持了这两个脑区在处理复杂和新颖信息中的核心作用。

先前的研究表明，左侧角回是新生儿的一个相关皮质区域，具

①Qiu J, Li H, Jou J, et al. Neural correlates of the "Aha" eexperiences: evidence from an fMRI study of insight problem solving[J]. Cortex, 2010, 46(3): 397-403.

有全面的语言功能，它似乎在调节单词识别过程。[1]许多研究表明，左侧角回是大脑皮层连接其他言语区域的关联区，正因为如此，它具有信息中转站的功能，接收、组织和协调各种呈现方式的信息输入。[2]在目前的工作中，参与者将所呈现的RP与一个情境问题联系起来（受试者在测试前一天熟悉所有的情境问题），以寻找解决情境问题的灵感。有趣的是，对于一个独特的情境问题，人们是如何本能地捕捉到灵感的，目前还不清楚。这种观察结果可能归因于原型之间的特定连接特性，其具体功能（强度和弹性）以及情境问题中未实现的功能（例如，凯夫拉具有高拉伸强度，但柔韧性不强），如何提高灵活性，启发信息的功能（强度和弹性）很可能与未实现的功能（不是很灵活）一致，从而激活原型的特征，这些特征可以方便地自动激活未实现功能的情境问题。原型符号的呈现和文字理解有助于激活问题，进而影响新观念和新思维的产生。基于这些建议，我们推测左侧角回可能参与了情境问题的自动检索，这可能是启发式创造力中捕捉灵感并将其传递到其他区域进行进一步加工的一个重要过程。

Mashal等研究发现，左侧额中回主要参与将新异的、创造性的含义归因于图表表达。[3]邱江等采用fMRI技术对Aha与No-aha两种实验任务进行比较研究发现，在Aha条件下额中回有显著激活，额

① Fiona M R, Mohamed L S, Alex P L, et al. Multiple routes from occipital to temporal cortices during reading[J].The Journal of Neuroscience, 2011, 31(22): 8239-8247.

② Cohen L, Martinaud O, Lemer C, et al. Visual word recognition in the left and right hemispheres: an atomical and functional correlates of peripheral alexias[J]. Cerebral Cortex, 2003, 13(12): 1313-1333.

③ Mashal N, Faust M, Hendler T, et al. An fMRI investigation of the neural correlates underlying the processing of novel metaphoric expressions[J]. Brain and Language, 2007, 100(2): 115-126.

中回可能与形成新异联系有关。[1] Seger等让被试从很多个新异的名词中找出两个寻常的和不寻常的动词，脑成像结果显示，额中回区域显著激活。[2]在本研究中左侧额中回相当活跃，进一步的相关分析表明，左侧额中回的β值与RP的行为准确性呈正相关。如前所述，本研究的参与者最终能够在语义处理后对技术问题提出创造性的解决方案。因此，我们的研究结果表明，左侧额中回应用来自原型的启发信息找到解决问题的新思路（形成新的联想），新解决方案证实了这一点。综上所述，额中回可能主要与形成新异联系有关。在本研究中，在“问题在先”条件下带着问题看原型与单纯看原型相比，额中回激活显著，其主要功能就是在虾子的表征和激活的宇航服问题之间建立起新颖的联系，即将宇航服需要自由弯曲的部位做成虾子外壳的样子，使问题的解决找到新的思路。

综上所述，左侧角回和左侧额中回在创造性思维过程中扮演着不可或缺的角色。未来的研究可以进一步探讨如何通过训练和教育手段，优化这两个脑区的功能，从而提高个体的创造力和问题解决能力。这不仅对教育领域具有重要意义，也为认知神经科学和心理学研究提供了新的视角和研究方向。

研究者们还可以深入挖掘其他脑区在创造性思维中的作用，例如右侧颞顶交界区和前扣带皮层等。这些区域可能在思维的灵活性、发散性以及情绪调节等方面具有独特贡献。通过多模态成像技术，如fMRI和fNIRS，可以更精确地描绘出这些脑区在创造性思维过程中的动态活动模式。研究者们可以进一步地探索不同年龄段人群在

① Qiu J, Li H, Jou J, et al.Neural correlates of the “Aha” experiences: evidence from an fMRI study of insight problem solving[J].Cortex, 2010, 46(3): 397-403.

② Seger C A, Desmond J E, Glover G H, et al.Functional magnetic resonance imaging evidence for right-hemisphere involvement in processing unusual semantic relationships[J].Neuropsychology, 2000, 14(3): 361-369.

创造性思维方面的脑机制差异，从而为不同年龄阶段的教育提供科学依据。例如，儿童和青少年的大脑正处于快速发展阶段，了解他们创造性思维的神经基础，有助于设计出更有效的教育方案，促进其创新潜能的开发。

跨文化研究也是一个值得探索的方向。不同文化背景的人在创造性思维上可能存在差异，研究这些差异如何在大脑中体现，不仅有助于理解文化对创造力的影响，还能为跨文化教育和国际合作提供理论支持。

随着人工智能技术的不断发展，研究者们可以利用机器学习算法对大量脑成像数据进行分析，以发现创造性思维过程中更细微的神经机制。这不仅有助于揭示人类大脑的奥秘，还能为人工智能的创新设计提供灵感，使其在模拟人类创造性思维方面取得突破。

综上所述，创造性思维的神经机制研究是一个多学科交叉、充满挑战和机遇的领域。通过不断深化和拓展研究，未来有望在教育、心理学、认知神经科学乃至人工智能等多个领域取得重要进展。

2.4 结论

综上所述，本研究的主要目的是探讨启发式创造中获取灵感的相关神经机制。从原型中获取灵感的认知过程包括两个阶段：从众多问题中自动激活一个相关的情境问题和应用原型中的启发信息寻找解决问题的新思路。结果表明，有两个大脑区域参与了捕捉灵感的行为：左侧角回，可能负责自动激活情境问题；左侧额中回，可能有助于RP和情境问题之间形成新的联系。

3　科学创造中原型启发自动响应过程脑机制研究①

3.1　方法

3.1.1 被试

随机选取某大学在校学生17人，其中男生8人（M = 21.63，SD = 1.32），女生9人（M =2 1.89，SD = 1.17），所有被试视力正常，均未接触过此类测验，且有初步的电脑操作技能。实验开始前向被试详细介绍实验要求及注意事项，待被试了解实验要求之后，自愿按照实验要求签订知情同意书。被试完成所有的实验后，均会获得适量报酬。

3.1.2 实验材料

从“科学创造实验问题材料库”中选取40个题目作为实验材料，每个题目都包括一个情境问题和一个原型。该材料库中的问题均来自科学创造实例。

3.1.3 实验变量

自变量1：原型启发量。材料库在编制过程中，实验者对每个题目均进行了一系列测试，并建立了一系列评价指标，其中“原型启发量”的评价指标为只呈现情境问题时的正确率减去学习原型后再解决情境问题的正确率。

自变量2：创造性倾向。创造性倾向分数由《威廉斯创造力倾向测验量表》测量获得，测验包括4个维度（冒险性、想象力、好奇心、挑战性），经验证，该测验具有较高的内部一致性，信效度较高，可用于心理测量。

---

① 本文刊于《心理科学》2018年第6期，收入本书时有修改。

因变量：被试解决科学创造问题的正确率及激活的脑区。

3.1.4 实验程序

在脑成像实验室进行实验并采集数据，被试在进行正式实验之前，由主试告知被试实验注意事项及实验指导语，并指导被试首先完成《威廉斯创造力倾向测验量表》，完成后由实验人员带其进入脑成像数据采集室。屏幕上呈现一个情境问题，被试理解后迅速按空格键记录反应时（情境问题呈现时限为14 s，14 s还未理解自动进入下一步），5个情境问题要全部呈现完；接着呈现一个原型的文字材料，被试迅速理解原型材料并思考问题的解决方法，想到后迅速按空格键报告结果（时限为12 s，12 s后还未想到答案自动进入下一题）；主试判断结果是否正确，并记分。5个问题全部测试完后，进入下一个trial，直至实验全部完成之后，要求被试将组织过的问题解决方案写在答题纸上。

3.1.5 实验评分

最终正确率是根据被试在电脑程序测验上的按键反应和事后写在答题纸上的答案进行综合评分，具体评分标准为：首先，由三位评分者（均为经过训练的实验者）根据被试在答题纸上写下的答案，对被试的问题解决方案进行细致评分，评分情况可分为正确解决问题和未正确解决问题两类；其次，统计被试在机器上的按键反应，按键结果分为正确解决问题和未正确解决问题两类；最后，综合两部分结果：正确解决问题，记1分；未正确解决问题，记0分。

其中，事后答案的记分：评分者可将被试按键之后的“口头报告答案”划分为三种情况（没有激活原型也没有正确解决问题；只激活原型而没有正确解决问题；激活原型并能运用其中的关键启发信息正确解决问题），然后进行记分（第一、二种情况记0分，第三种情况记1分）。对于少数不一致的记分结果由主试最后审核、确定。

3.1.6 数据采集及处理

功能像在3.0 T全身磁共振成像仪上获得。实验应用8通道相控阵线圈，有专门的衬垫用来固定头部，并提醒被试正式实验时尽量保持头部不动。视觉刺激由专用的投影仪呈现，在被试头部固定线圈的上方有一个倒视镜，通过倒视镜可以看到屏幕上的视觉刺激。被试戴上专用的抗噪声耳塞，以减少扫描仪噪声对实验的影响。在每个run开始之前，有10 s时间的准备提示，以使扫描仪的信号趋于稳定，利于采集到更优质的图像。这时提醒被试闭上眼睛休息，准备继续进行实验。

全脑功能像由T2*加权单次激发梯度回波的EPI序列获得，功能像相关参数如下：TR = 2000 ms，TE = 30 ms，反转角为90°，扫描视野 = 220 × 220 mm^2， acquisition matrix = 64 × 64，轴位32层，层厚 = 3.0 mm，voxel size = 3.4 × 3.4 × 3.0 mm^3。通过E-prime2.0软件程序控制每个trial的呈现与扫描同步。结构像扫描参数：TR = 1900 ms，TE = 2.52 ms，轴位176层，层厚 = 1.0 mm，层间距 = 0.5 mm，反转角为90°，扫描视野 = 256 × 256 mm^2。

3.1.7 fMRI数据处理与分析

在实验中，主要采集了每个run中每个被试在实验所需条件下的大脑激活状态。在本研究条件下，主要采集情境问题、原型、提问处的大脑激活状态。fMRI数据采用Brain Voyager QX v2.0软件进行随机效应模式统计分析。首先对功能像进行时间点对齐和头动矫正，并对图像进行各向同性高斯平滑（FVHM = 6mm），对处理过的图像进行数据标准化，最后将功能像与全脑三维结构像对齐和进行空间标准化。将每个被试的功能像与结构像均对齐并进行标准化分析完毕后，对所有的数据做组分析，比较标准为无校正情况下，激活体素大于或等于20。提取各激活簇的像素点Talairach坐标值

(x, y, z)，用SPSS 17.0进行数据转换处理，获得各激活簇像素点坐标值。用Talairach Client坐标软件进行脑结构和功能分区坐标定位，取得各激活簇像素点的脑区定位。把激活簇像素叠加到个体的高分辨率结构图像上，得到三维激活图像。

3.2 结果

3.2.1 行为结果

对17名被试在科学创造问题解决上的正确率进行统计，统计之前控制了性别差异对实验的影响，采用独立样本t检验，结果发现，性别变量在科学创造问题解决上不存在显著差异（$p > 0.05$）。科学创造问题解决行为结果显示，被试正确解决问题的概率为81.7%，没有正确解决问题的概率为18.3%。为了研究科学创造问题解决中的大脑自动响应机制，研究所叠加的fMRI数据均来自被试正确解决问题的trial，行为结果表明，被试正确解决问题的概率可达到叠加要求，可以进行fMRI数据叠加。

3.2.2 脑成像结果

3.2.2.1 "conjuction"分析结果

为探索科学创造问题解决中的大脑自动响应机制，运用Brain Voyager QX v2.0分析软件中的"conjunction"指令进行共振脑区分析。分析显示，共振脑区有右侧枕中回、左侧内侧额叶、左侧枕中回、左侧丘脑、左侧楔前叶、左侧中央前回和左侧颞中回（见表7-5），说明大脑在看到情境问题与原型材料后进行原型启发时，存在自动响应，但激活的这些脑区是不是自动响应，需进一步验证。

表 7-5　情境问题与原型材料激活的共同脑区

激活脑区	半球	BA	Talairach		坐标	t	激活体素
			x	y	z		
枕中回	RH	18	24	−85	−5	7.28	22774
内侧额叶	LH	6	−9	−1	58	7.09	4585
枕中回	LH	18	−24	−91	7	8.54	19086
丘脑	LH		−24	−28	1	7.07	3934
楔前叶	LH	7	−21	−64	49	7.57	1002
中央前回	LH	6	−45	−4	40	7.00	16689
颞中回	LH	21	−57	−31	−2	4.61	770

3.2.2.2 自动响应脑机制验证分析结果

为进一步验证科学创造问题解决中的大脑自动响应机制，本研究将原型启发中的重要自变量之一原型启发量作为研究自变量与激活的共振脑区进行相关性分析（包括所有被试原型启发量与共振脑区的相关及单个被试原型启发量与共振脑区的相关），结果均显示：只有颞中回与原型启发量呈现显著相关性（所有被试 $R = -0.39$，$p < 0.05$；单试次 $R = -0.11$，$p < 0.01$）（见图 7-2）。

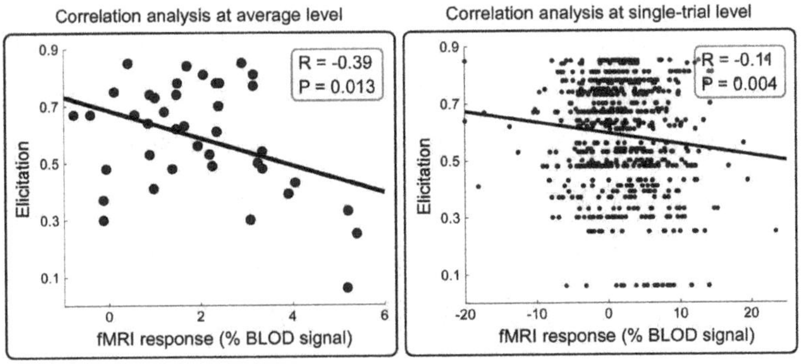

图 7-2　颞中回与原型启发量的相关分析图

上述结果表明，颞中回在科学创造问题解决中起了重要作用。已有行为研究证明，创造性倾向在原型启发中产生重要影响，尤其是拥有高创造性倾向的群体，他们能迅速找到原型材料中对问题产生启发作用的关键信息①，与情境问题“共振”，产生自动响应。为进一步从大脑层面检验自动响应机制，本研究将颞中回的信号强度与被试在创造性倾向测验上的得分进行相关分析，结果显示：颞中回与创造性倾向呈现显著正相关（$\gamma = 0.53$，$p < 0.05$）。这一结果同样印证了颞中回在科学创造问题解决中大脑能自动响应上起了重要的作用。

以上结果表明：在科学创造问题解决中大脑存在自动响应，并且主要是颞中回在起作用。颞中回的BOLD信号变化如图7-3所示。

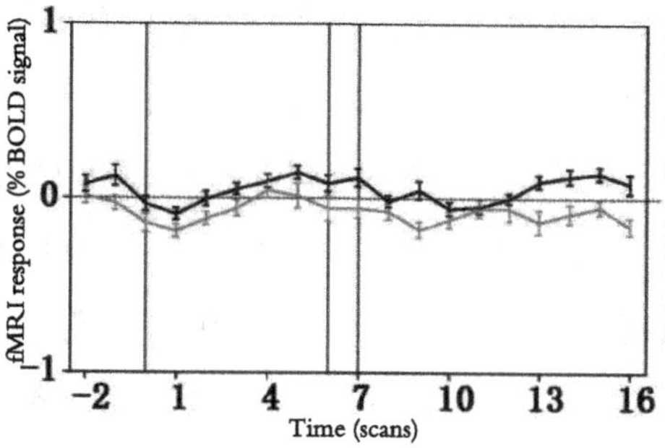

图7-3 颞中回的BOLD信号变化

3.3 讨论

3.3.1 自动响应脑机制的探索分析

采用磁共振技术对科学创造问题解决中自动响应的脑机制进行探索，研究结果显示：右侧枕中回、左侧内侧额叶、左侧枕中回、左侧丘脑、左侧楔前叶、左侧中央前回和左侧颞中回被激活。其中，左侧枕中回主要参与视觉性注意活动②，情境问题和原型材料首先通

① 朱海雪，张庆林．创造性倾向对科学问题解决中原型位置效应的影响[J]．心理与行为研究，2014，12(5)：616-620.

② Kounios J，Frymiare J L，Bowden E M，et al.The prepared mind：neural activity prior to problem presentation predicts subsequent solution by sudden insight [J]. Psychological Science，2006，17(10)：882-890.

过视觉进入大脑，大脑对材料进行注意，参与材料的初步视觉编码；丘脑的作用是对感觉进行粗糙的分析与综合。在本研究中，由丘脑对情境问题与原型材料进行初步视觉表征层面上的匹配；中央前回的作用主要在于将那些与语义、句法、音韵有关的信息整合在一起[①]，在本研究中，中央前回对视觉表征信息进行语义、句法、音韵的选择，进一步匹配情境问题和原型，初步解决问题。从创造性思维的四个阶段来看，左侧枕中回、丘脑及中央前回的作用可能主要在准备阶段。在这一阶段，大脑开始将准备阶段积累的信息进行整合和重组，形成新的连接和概念，从而产生具有创新性的想法。

内侧额叶主要参与问题解决之前的认知控制[②]，在本研究中，内侧额叶根据情境问题与原型材料之间的特征或功能性表征进行匹配，执行大脑自动激活这一指令；楔前叶作为默认脑功能网络的关键区域，与个体的发散思维能力密切相关。在本研究中，被试想要解决科学创造问题，就要排除大量无关信息的干扰，提取原型中与情境问题相关的关键启发信息，从而将问题解决，这一结果与以往研究发现的楔前叶在记忆中进行信息提取加工的作用是一致的。[③]由此看来，内侧额叶和楔前叶可能主要作用于创造性思维的酝酿阶段。

创造性思维中顿悟的特点就是它的“突然性”，需要人们对创造性问题进行灵活性、变通性思考，需要大脑参与语义转换与加工，这一操作主要由颞中回在起作用，前人研究也已经证实了颞中回的

---

① Amunts K, Weiss P H, Mohlberg H, et al.Analysis of neural mechanisms underlying verbal fluency in cytoarchitectonically defined stereotaxic space—the roles of Brodmann areas 44 and 45[J].Neuroimage, 2004, 22(1): 42-56.

② Mayseless N, Eran A, Shamay-Tsoory S G.Generating original ideas: the neural underpinning of originality[J].NeuroImage, 2015, 116(0): 232-239.

③ Qiu J, Li H, Jou J, et al.Neural correlates of the “Aha” experiences: evidence from an fMRI study of insight problem solving[J].Cortex, 2010, 46(3): 397-403.

这一重要作用，具体阐释详见朱海雪等的研究[①]中关于左侧颞中回与语言中的语义加工、语义控制的描述。在本研究中，在解决科学创造问题时，被试在经过了准备与酝酿阶段之后，迅速对情境问题与原型材料进行匹配，由于之前储存在大脑中的未解决的情境问题与原型材料两者之间包含了相同的语义，大脑对情境问题与原型材料之间的语义表征进行分析转换，自动激活原型中的关键启发信息，进而触发“科学难题”解决方案，正是原型材料与情境问题之间存在的相似语义表征促成了自动激活[②]，这种相似的语义表征也正是启动自动响应机制的重要条件，而这一阶段主要可能由颞中回在起作用。

3.3.2 自动响应脑机制的验证分析

创造性思维的最后一个阶段是验证期，前面探索大脑的自动响应机制，发现激活了多个脑区，说明自动响应机制在大脑中确实存在，虽然这些脑区在顿悟问题解决上都起到了一定的作用，但是究竟哪一个脑区或哪几个脑区在大脑自动响应中更占优势，还需要进一步验证。为验证这一结果，本研究将这些脑区与科学创造问题解决中的关键自变量/原型启发量、创造性倾向进行相关分析。已有研究也表明：启发信息的获得（激活）是顿悟的重要影响因素[③]，启发信息获得的主要表现形式即启发量；科学创造问题解决测试的得分可以预测个体的创造性倾向[④]，因此，可用原型启发量、创造性倾向这两个因素对大脑自动响应机制进行验证。

① 朱海雪，杨春娟，李文福，等.问题解决中顿悟的原型位置效应的fMRI研究[J].心理学报，2012，44(8)：1025-1037.

② 张庆林，田燕，邱江.顿悟中原型激活的大脑自动响应机制：灵感机制初探[J].西南大学学报(自然科学版)，2012，34(9)：1-10.

③ 张庆林.顿悟心理机制的实验分析[J].心理学杂志，1989，4(2)：23-28.

④ 朱海雪，罗俊龙，杨春娟，等.发明创造问题解决中的原型位置效应[J].心理科学，2012，35(1)：70-75.

假设大脑中存在某一区域在科学创造问题解决的自动响应中起作用，那么这个区域与原型启发量和创造性倾向都会显著相关。启发量前面已经提到，即呈现原型时激活问题的正确率减去没有呈现原型时激活问题的正确率。问题呈现时，在大脑中对问题进行初步表征，大脑对情境问题中的目标及关键信息进行加工，在原型呈现时，迅速与之匹配，自动激活原型中的关键启发信息，并将问题解决。在这一过程中，原型材料中的关键启发信息自动呼应情境问题中的信息，产生“共振”现象。同样，科学创造问题解决能力与个体的创造性倾向关系密切，尤其是拥有高创造性倾向的群体，他们在问题呈现后，首先对问题进行精细加工，对问题解决方向进行把握，在呈现原型材料后，他们可以迅速找到与之匹配的关键启发信息[①]，与情境问题自动响应。分析发现，只有颞中回与原型启发量、创造性倾向高度相关。这一结果进一步证实了主要是颞中回在大脑自动响应机制中起作用。

为了深入探讨颞中回在创造性思维中的具体作用，本研究进一步采用fMRI技术，对参与者的脑部活动进行了实时监测。结果显示，在进行创造性任务时，颞中回的活动显著增强，尤其是在处理与原型启发相关的复杂信息时。这一发现揭示了颞中回在大脑信息整合和创新思维中的关键角色。此外，研究还发现，颞中回的活动与个体的教育背景和经验积累密切相关。那些受过良好教育且具有丰富经验的参与者，在进行创造性任务时，其颞中回的活动更为高效和有序。这表明，颞中回的功能可能受到后天学习和经验的影响，从而在一定程度上解释了为何某些人能够表现出更高的创造性。为了进一步验证颞中回在创造性思维中的作用，本研究还设计了一系

① 朱海雪，张庆林.创造性倾向对科学问题解决中原型位置效应的影响[J].心理与行为研究，2014，12(5)：616-620.

列实验，通过暂时性地抑制颞中回的活动，观察参与者在创造性任务中表现的变化。结果表明，当颞中回的活动受到抑制时，参与者在原型启发任务中的表现显著下降，这进一步证实了颞中回在创造性思维中的核心地位。

综上所述，本研究通过多种方法和技术，揭示了颞中回在大脑创造性思维中的关键作用。未来的研究可以进一步探讨如何通过教育和训练，优化颞中回的功能，从而提升个体的创造性思维能力。此外，了解颞中回在创造性思维中的机制，也有助于开发新的教育工具和认知训练方法，为培养创新人才提供科学依据。

3.4 结论

自动响应机制最早是由张庆林等人研究灵感认知机制时发现的，他们认为，自动响应机制的启动应满足以下条件：第一，被试在解决科学创造问题时，必须明确认识到“目标”是实现某种“功能”，即“目标”与“功能”相呼应；第二，被试在原型知识表征阶段能够形成“构造—功能”抽象语义表征；第三，“特征性功能（原型表征）—需求性功能（问题表征）”具有语义上的（高度）相似性。[①]由此看来，这种自动响应机制并未脱离顿悟问题研究，而是进一步发展和完善了顿悟的理论，即实现从错误的初始问题表征到正确的问题空间表征的转变，实现问题解决的“解除抑制”和“刺激分解”这一“进程监控”。

本研究以科学创造题目为实验材料，采用“五对五”实验范式，运用fMRI技术手段对科学创造问题解决中的大脑自动响应机制进行了再探。脑区定位与相关分析的结果一致表明，左侧颞中回在大脑

① 张庆林，田燕，邱江．顿悟中原型激活的大脑自动响应机制：灵感机制初探[J]．西南大学学报（自然科学版），2012，34(9)：1-10.

自动响应机制中起了重要作用，为进一步揭示顿悟问题解决的灵感机制提供了部分证据，也是首次在脑机制层面对灵感机制进行研究。当然本研究也存在某些不足，比如，未考虑个体创造性的差异和创造性不同的个体对实验结果的影响，未对结果进行重复测量验证，也未对结果与静息状态下的数据进行对比，这也是后期研究需要进一步拓展和延伸的。后期研究可以以静息状态下的数据为基线，结合近红外等技术，采用多种分析手段，对灵感进行更为深入的研究，以期得到更有价值的系列成果。

为了弥补上述研究的不足，并进一步深化对科学创造问题解决过程中大脑自动响应机制的理解，未来的研究将采取更为全面和细致的方法。首先，我们将引入更大规模的样本，以涵盖不同年龄、性别、教育背景和专业领域的研究对象。通过细致的个体差异分析，我们期望能够揭示创造性个体在大脑自动响应机制上的独特性，以及这些差异如何影响科学创造问题解决的效率和质量。

此外，为了验证实验结果的稳定性和可靠性，我们将采用重复测量设计，对同一组被试在不同时间点进行多次实验，以观察其大脑活动模式的稳定性和变化趋势，这将有助于我们理解灵感机制在个体大脑中的动态变化过程。为了更全面地理解灵感的神经基础，我们计划以静息状态下的数据为基线，与任务状态下的数据进行对比分析。通过这种分析，我们可以更清晰地识别出在科学创造问题解决过程中大脑活动的特定变化，从而更准确地定位灵感产生的神经机制。同时，我们也将探索结合NIRS技术的可能性。NIRS技术具有较高的时间分辨率，能够实时监测大脑皮层的血氧水平变化，这将有助于我们捕捉到灵感产生瞬间的大脑活动。通过将fMRI和NIRS技术相结合，我们有望获得更为精确和动态的神经活动数据。最后，为了更深入地理解灵感产生的过程，我们还计划引入认知心理学的实验设计，例如通过操纵实验条件来诱发不同类型的创造性思维。通过这些实验，我们可以探究在不同认知负荷和任务要求下，大脑自动响应机制的变化，以及这些变化如何与个体的创造性表现相关联。

综上所述，未来的研究将从多个角度出发，采用多种技术和方法，旨在构建一个更为全面和深入的科学创造问题解决过程中大脑自动响应机制的理论模型。通过这些努力，我们期望能够为科学创造提供更为坚实的神经科学基础，并为教育和创新实践提供有益的指导。

升华篇

第八章　科学创造中原型启发效应对人才培养的启示

1　科学创造对科学职业理想（科学家）的影响[①]

1.1　科学资本的内涵及测量

为深入学习贯彻习近平新时代中国特色社会主义思想和党的十九大精神，全面落实立德树人根本任务，教育部、科技部、财政部、中国科学院、中国社会科学院、中国科学技术协会等六部门根据《教育部关于加快建设高水平本科教育 全面提高人才培养能力的意见》（以下简称《意见》），联合发布《关于实施基础学科拔尖学生培养计划2.0的意见》：推进实施“中学生英才计划”，吸引一批具有创新潜质的中学生走进大学，参加科研实践、激发科学兴趣，成为拔尖人才的后备力量[②]。科学资本这一概念由布迪厄的文化再生产理论中的文化资本概念派生而来。本书将科学资本这一概念引入国内，对国家科技创新人才的培养具有重要意义。科技创新人才需要从小培养。就教育阶段而言，科技创新人才的培养需要从基础教育抓起，

① 本文刊于《华东师范大学学报（教育科学版）》2020年第7期，收入本书时有修改。

② 教育部等六部门关于实施基础学科拔尖学生培养计划2.0的意见[EB/OL].(2019-05-14)[2022-12-14].http://www.moe.gov.cn/srcsite/A08/s7056/201810/t20181017_351895.html.

因此，本研究在被试的选取上以义务教育阶段的学生为主。

在探讨科学资本对科技创新人才培养的重要性时，不得不关注教育体系的完善与优化。基础教育阶段是培养学生科学素养和创新思维的关键时期，因此，教育政策的制定者和执行者需要重视这一阶段的教育质量。通过引入科学资本的概念，我们可以更加系统地评估和改进教育体系，使之更好地服务于科技创新人才的培养。首先，科学资本的培养需要注重课程内容的创新与更新。课程设计应更加注重跨学科知识的整合，鼓励学生进行科学探究和实验操作，从而激发他们的创新意识和科学兴趣。其次，科学资本的培养需要重视教师队伍的建设。教师是教育质量的直接决定者，因此，提高教师的专业素养和教学能力是培养科技创新人才的关键。通过定期的培训和学术交流，教师可以不断更新自己的知识结构，掌握最新的教育理念和教学方法，从而更好地指导学生进行科学探索。此外，科学资本的培养还需要营造良好的教育环境。学校应加强与科研机构、企业的合作，为学生提供更多的实践机会和创新平台。通过参与科研项目、科技竞赛等活动，学生可以将所学知识应用于实际问题的解决中，从而提高创新能力和实践技能。最后，科学资本的培养还需要社会各界的共同关注和支持。政府应加大对基础教育的投入，为科技创新人才的培养提供必要的物质保障。同时，媒体和公众也应关注教育改革的进展，为教育工作者和学生创造一个良好的社会氛围。

综上所述，科学资本的引入为我国科技创新人才的培养提供了新的视角和方法。通过优化教育体系、加强教师队伍建设、营造良好的教育环境以及社会各界的共同关注和支持，我们有望在不久的将来培养出更多具有创新精神和实践能力的高科技人才，为国家的科技进步和经济发展做出更大的贡献。

在科学资本概念出现之前，学者更多的是关注科学素养，采用科学素养测试成绩来预测一个人的科学品质，从国际学生评估项目（Programme for International Student Assessment，PISA）来看，科学素养涵盖“辨别科学议题”“解释科学现象”和“科学举证”三个能力维度；而科学资本是一种用于整理与科学有关的各种类型的经济、社会和文化资本的概念手段，特指那些能为个人或团体提供使用或交换价值以支持和增强其获得、参与或分享科学的潜力①。从二者的概念来看，科学资本与科学素养测试的范围不同，但已有研究表明：科学资本是未来更能预测学生科学品质的工具。②因此，本研究借鉴国外科学资本的概念框架，在中国情境下对科学资本模型进行检验并结合中国学生的发展特点进行模型重建，以期在中国推广。

1.1.1 科学资本的基本理论内涵

“资本”是布迪厄文化再生产理论中的核心概念，他认为资本是积累起来的劳动，在教育领域中可生成具有社会优势的、有价值的、合法的、可转换的资源，并将其划分为文化、社会、经济资本三种基本形式。伴随着科技的飞速发展，文化资本的意义可能在变化，而且它与布迪厄曾经在《区分：判断力的社会批判》中分析的意义不同。③在当代科技发展时代，文化资本只有与科学技术、信息技术等科学资源紧密联系在一起，才能更好地发挥其作用，才能丰富和发展文化资本的内涵，并且对所有的文化生活和实践领域产生深远影响。科学相关资源应被合理地视为当代重要的资本形式，并在社

①Archer L, Dawson E, DeWitt J, et al.Science capital: a conceptual, methodological, and empirical argument for extending bourdieusian notions of capital beyond the arts[J].Journal of Research in Science Teaching, 2015, 52(7): 922-948.

② Dewitt J, Archer L, Mau A.Dimensions of science capital: exploring its potential for understanding students' science participation[J]. International Journal of Science Education, 2016, 38(16): 2431-2449.

③ Savage M.Identities and social change in Britain since 1940: the politics of method[M].Oxford: Oxford University Press, 2010.

会生产关系中发挥作用，这并非仅仅因为它们在当代社会中具有很高的象征意义和交换价值，而是在复杂的国际背景下，科学产业与国家经济竞争力密切相关。提高社会科学人才的素质是满足“知识经济”发展的一个重点，涵盖了科学文化资本的交换价值。

布迪厄并非完全不知道这些变化。事实上，在后来的研究中，布迪厄在《经济的社会结构》中承认了“技术资本”（technical capital）的存在，认为“技术资本”是一种特殊形式的文化资本，其可以通过学校，及职业文凭和技能的获得而被构建起来。从布迪厄的技术资本概念来看，布迪厄以科学权威的形式将科学资本概念化为象征性资本，使之存在于特定的科学家身上（他们代表科学权威的权重），或作为科学领域（包括政府、组织和其他机构，而不仅仅是科学家行使）的权力①。由此看来，布迪厄已经意识到这些变化，尽管这些变化从来没有真正得到充分扩展，也没有被纳入他的文化资本概念中。

国外学者团队经过大量跟踪研究，在布迪厄的文化资本理论基础上提出了“科学资本”的概念。他们认为，科学资本并不是孤立形式的资本，而是包括多个内在资本结构，这些资本结构可能包括与科学相关的各种类型的经济、社会与文化资本。因此，他们通过调研取证划分出了科学资本的不同维度：科学文化资本（包括科学素养和科学倾向/偏好、科学资历在未来劳动力市场中转化成的象征性知识）；科学行为和实践（包括科学媒体消费、校外科学活动参与，如参观科学博物馆等）；科学社会资本（包括父母的科学资历、

① Archer L, Dawson E, DeWitt J, et al.Science capital: a conceptual, methodological, and empirical argument for extending bourdieusian notions of capital beyond the arts[J].Journal of Research in Science Teaching, 2015, 52(7): 922-948.

同其他人谈论科学、对身边其他人从事科学工作的了解）。[①]从这些方面来看，科学资本更能预测国内学生的科学潜力，更符合新时代对于科技创新人才培养的要求。

但是，从研究现状来看，科学资本这一概念提出之后，关于科学资本方面的研究主要集中于国外，国内较少进行相应研究。由于东西方文化存在较大差异，国外研究得出的相关结论在国内未必适用，这也意味着在将科学资本这一概念引入国内时，需对问卷结构进行重新修订与监测。因此，本研究的内容主要包括：第一，借鉴国外科学资本的问卷结构，结合我国义务教育阶段学生的特点进行修订并进行信效度检验；第二，将修订后的科学资本问卷在我国义务教育阶段学生身上进行应用，并针对科学资本特征进行分析。

1.1.2 科学资本模型设计

1.1.2.1 研究对象

本研究的研究对象包含两部分：问卷修订对象和问卷作答对象。其中，问卷修订对象由初中科学学科教师、专业评估人员、有义务教育质量监测背景的高校教师组成，共选取25人。问卷作答对象是我国西部地区107所初中学校的学生。采用整群抽样的方法在调查学校内随机抽取初三一个班的学生（绝大部分为15岁的学生）为被试样本，被抽中班级的学生全体入样。在剔除无效样本并匹配学校层面的教育经费和教育事业统计年鉴数据后，剩余有效学生样本量为4596人。

将被试数据随机分为两半，其中一半用于探索性因素分析，另一半用于验证性因素分析。

① Archer L, Dawson E, DeWitt J, et al. Science capital: a conceptual, methodological, and empirical argument for extending bourdieusian notions of capital beyond the arts [J]. Journal of Research in Science Teaching, 2015, 52(7): 922–948.

1.1.2.2 研究方法

1.1.2.2.1 访谈法

本研究通过深度访谈法对所选取的问卷修订对象进行访谈，为问卷的设计与开发提供参照。根据访谈法的步骤编制访谈提纲，访谈提纲主要围绕初始问卷项目内容进行编制，对25名问卷修订专家进行访谈，目的是检验问卷设计的可行性及科学性。在征得被访者同意后对其进行访谈，并对访谈内容进行录音，访谈完毕后整理访谈内容并进行统计分析。在此过程中，若发现不能确定的特征条目，则会通过与相关专家商讨，结合初中生身心发展特点，再行确定。最终形成包含52个项目的科学资本问卷（包括科学素养测试题），其中科学素养测试题来源于国际学生评估项目中的科学素养测试，包括6个科学主题，共计17道题目，涵盖“辨别科学议题”“解释科学现象”和“科学举证”三个能力维度。测试完后组织PISA专业评估人员进行标准化阅卷，并按照PISA公开的难度参数运用IRT（项目反应理论）模型计算出学生的科学素养量尺分（500±100）。

1.1.2.2.2 问卷调查法

问卷的来源主要借鉴国外Archer等人的科学资本问卷[①]，问卷题目涵盖科学资本及其影响因素等项目。其中，科学资本包括三个维度：科学文化资本、科学行为与实践、科学社会资本。问卷的信度系数在0.729～0.854之间，具有较好的内部一致性。结合国内学生的发展特点对国外的问卷进行修订，以调整、修正问卷题项的表达，最终形成科学资本初始问卷。将科学资本初始问卷在重庆市中学进行初测，并对初测结果进行统计分析，对一些存在争议的项目进一步修订，在此过程中合并了一些意义重复或相近的项目，删除或修

---

① Archer L, Dawson E, DeWitt J, et al.Science capital: a conceptual, methodological, and empirical argument for extending bourdieusian notions of capital beyond the arts[J].Journal of Research in Science Teaching, 2015, 52(7): 922-948.

订了一些有歧义的项目，经过反复修订，在这一阶段共删除了6个项目，最终确定正式施测问卷由46个项目组成。

采用IBM SPSS Statistics 25.0及AMOS 21.0分析软件对收集到的数据资料进行探索性因素分析、验证性因素分析及信效度分析，以期完善对科学资本问卷的修订。

1.1.3 科学资本模型探索

1.1.3.1 项目分析

项目分析的主要目的在于检验所编制问卷项目的可靠程度。在本研究中主要运用相关分析法与极端分组法进行项目分析。其中，由于问卷中的科学素养测试题为PISA测试题，基本以问答题为主，而“同其他人谈论科学”和“对身边其他人从事科学工作的了解”均为1个项目，因此在进行项目分析时需排除这三个因子共19个项目。排除后剩余27个项目，对它们进行项目分析。具体做法：首先，将问卷项目与总分进行相关分析以检验项目间的同质性，问卷中项目与总分的相关度越高，表明该项目与总问卷的同质性越高。问卷项目与总分的相关分析结果表明：科学资本指标的27个项目与总分的相关系数均达到显著水平（$p < 0.01$），且相关度在0.311～0.544之间，大于0.3。另外，采用极端分组法从问卷27个项目总得分中分别取前27%与后27%作为高、低分组，检验高、低分组在所有项目上的均值差异。结果发现，高、低分组在27个项目上的均值差异都显著（$p < 0.001$），结合同质性检验结果，最终保留该27个项目作为科学资本的测量指标。

1.1.3.2 探索性因素分析

将随机抽取的一半被试进行探索性因素分析。探索性因素分析中的KMO值为0.876，Bartlett球形检验x^2的值为21330.154（$df = 351$），达到显著水平（$p < 0.000$），表明适合进行因素分析。进一步采用主

成分分析进行因子提取，对于特征值小于1、负荷值小于0.5、共同度小于0.3、因子负荷不合理的项目（负荷在两个及以上因子上）进行剔除，共剔除5个项目，剩余22个项目。采用正交旋转法获得最终的因子负荷矩阵，共提取出5个因子，累计方差解释率为52.599%。5个因子的特征值分别为6.196、3.168、1.764、1.707、1.367。各自的方差解释率分别为22.949%、11.733%、6.532%、6.321%、5.064%（具体结果见表8-1）。

抽取的5个因子分别命名为科学倾向/偏好（K1）、校外科学活动参与（K2）、父母的科学资历（K3）、科学资历在未来劳动力市场中转化成的象征性知识（K4）、科学媒体消费（K5），加上科学素养、同其他人谈论科学和对身边其他人从事科学工作的了解组成科学资本问卷（见表8-1）。

表8-1　探索性因素分析结果

指标	K1	K2	K3	K4	K5	共同度
1.了解日常生活中的科学知识很有用	0.784					0.649
2.科学家在工作中需要丰富的想象力	0.750					0.581
3.让年轻人理解科学对社会很重要	0.741					0.596
4.拥有科学知识有助于你得到许多不同的工作	0.598					0.409
5.学习科学很重要，即使你将来不想从事科学工作	0.586					0.454
6.科学能创造新的工作岗位，更多的人因此会得到工作	0.584					0.577
7.参观科学中心、科学博物馆或天文馆		0.853				0.762
8.参观博物馆		0.849				0.739
9.参观动物园或水族馆		0.795				0.648
10.做实验或使用科学设备（例如化学设备、显微镜等）		0.614				0.481

续　表

指标	K1	K2	K3	K4	K5	共同度
11.修理或制造东西（例如DIY、编织工艺品、做木质工艺品）		0.550				0.506
12.父母认为我学习科学很重要			0.784			0.712
13.父母说科学对我的将来很有用			0.775			0.698
14.父母认为科学非常有趣			0.766			0.670
15.父母了解很多与科学相关的知识			0.700			0.739
16.拥有科学资历有助于你得到许多不同的工作				0.810		0.718
17.我的老师向我解释了科学对我未来很有用				0.792		0.706
18.我的老师向我解释了拥有科学资历的人是如何找到各种工作的				0.782		0.665
19.虽然我将来不想从事科学工作，但学习科学还是很重要				0.528		0.480
20.观看其他含有科学内容的电视节目（例如《我爱发明》《最强大脑》等）					0.820	0.767
21.观看科学电视节目（例如自然节目、科学纪录片等）					0.809	0.745
22.上网寻找与科学相关的东西（例如浏览科学网站，玩科学类的游戏等）					0.695	0.581
23.特征值	6.196	3.168	1.764	1.707	1.367	合计
24.贡献率	22.949	11.733	6.532	6.321	5.064	52.599

1.1.3.3 验证性因素分析

运用AMOS 21.0检验由科学倾向/偏好（K1）、校外科学活动参与（K2）、父母的科学资历（K3）、科学资历在劳动力市场转化成的象征性知识（K4）、科学媒体消费（K5）组成的五因子模型的拟合程度，结果显示：$x^2/df = 4.818 < 5$，$RMSEA = 0.043 < 0.05$，拟合指标$NFI = 0.958$、$RFI = 0.948$、$IFI = 0.966$、$TLI = 0.959$、$CFI = 0.966$，均在0.9以上，表明模型拟合程度良好（具体结果见表8-2）。

表 8-2 验证性因素分析拟合指数

拟合指数	x^2	df	x^2/df	NFI	RFI	IFI	TLI	CFI	$RMSEA$
数值	915.414	190	4.818	0.958	0.948	0.966	0.959	0.966	0.041

1.1.3.4 信效度分析

1.1.3.4.1 信度分析

本研究主要采用内部一致性系数（Cronbach's α 系数）及分半信度对问卷的信度进行检验。从表8-3可以看出，科学资本问卷总体Cronbach's α系数为0.864，分半信度为0.704。各因子Cronbach's α系数在0.798 ~ 0.807之间，分半信度在0.632 ~ 0.839之间。通过信度检验的结果可以看出，该问卷的信度较好，可作为测量工具。

表 8-3 科学资本问卷及各因子信度检验结果

因子	Cronbach's α 系数	分半信度	条目数
科学倾向/偏好	0.806	0.768	6
校外科学活动参与	0.798	0.694	5
父母的科学资历	0.833	0.839	4
科学资历在未来劳动力市场中转化成的象征性知识	0.807	0.804	4
科学媒体消费	0.805	0.632	3
科学素养	/		/
同其他人谈论科学	/		/
科学行业工作者社会网络	/		/
科学资本总问卷	0.864	0.704	22

1.1.3.4.2 效度分析

本研究主要对问卷的内容效度和结构效度进行分析。

（1）内容效度。内容效度主要以项目的合理性分布来判断。在本研究问卷编制过程中，对问卷的项目进行反复修订，修订后问卷的内在结构的成分及其对应项目均得到了同行专家的一致认可。对于科学资本问卷中“科学素养”这一因子的内容，结合PISA测试与国内中学生的身心发展特点，在涵盖所测量的科学素养内容的前提下，对科学素养测试卷进行了修订，修订后的项目更加适合国内学生的特点，从而提高了科学资本问卷的内容效度。

（2）结构效度。本研究主要采用因子相关分析对抽取的5个因子进行结构效度检验，由表8-4得知，问卷各因子之间，相关系数在0.067～0.422之间，呈中低等程度相关；问卷各因子与科学资本总分之间的相关程度较高，相关系数在0.578～0.746之间。上述分析结果表明：问卷各因子之间有一定的独立性，通过探索性因素分析，采用主成分分析法提取的5个因子在验证性因素分析中的结果也表明该问卷拟合程度良好，说明各因子能够反映总问卷所要测查的内容，表明该问卷结构效度良好。

表8-4　科学资本问卷结构效度检验矩阵结果

因子	K1	K2	K3	K4	K5	K总
科学倾向/偏好（K1）	1					
校外科学活动参与（K2）	0.067**	1				
父母的科学资历（K3）	0.422**	0.240**	1			
科学资历在未来劳动力市场中转化成的象征性知识（K4）	0.353**	0.283**	0.408**	1		
科学媒体消费（K5）	0.241**	0.342**	0.283**	0.406**	1	
科学资本总问卷（K总）	0.651**	0.621**	0.698**	0.746**	0.578**	1

注：*表示在0.05水平上显著；**表示在0.01水平上显著。

通过以上探索性因素分析、验证性因素分析及信效度分析，可以发现科学资本问卷具有较高的信效度，可为后续相关研究工作提供一定的参考。

1.1.4 义务教育科学资本特征模型的应用

1.1.4.1 义务教育阶段学生在科学资本特征上的表现

按照国外原问卷的维度划分，其中，科学素养、科学倾向/偏好与科学资历在未来劳动力市场中转化成的象征性知识共同构成科学文化资本维度；科学媒体消费与校外科学活动参与构成科学行为和实践维度；父母的科学资历、同其他人谈论科学和科学行业工作者社会网络这三个因子构成科学社会资本维度。[①]本研究构建的科学资本特征模型结构效度良好，且具有一定的稳定性。因此，本研究采用验证性因素分析阶段采集的数据进行描述统计和差异性检验，分析义务教育阶段学生在科学资本特征上的表现。表8-5描述了义务教育阶段学生在科学资本各维度上的表现，从结果中可以发现，学生的整体科学资本高于平均水平（59.489 > 46.110）。但从各维度来看，科学文化资本略高于平均水平（31.240 > 28.645），科学社会资本与平均水平基本持平（15.172 > 15.000），而科学行为和实践则低于平均水平（13.074 < 20.000）。这表明学生科学资本总体水平较低。此外，通过对构成科学资本三因子的八个维度进行描述统计分析发现，学生在科学媒体消费（6.17 < 9）与校外科学活动参与（6.9 < 13）上处于劣势。

表8-5 义务教育阶段学生在科学资本各维度上的表现

维度	均值	标准差	最小值	最大值
科学文化资本	31.240	5.971	7.180	50.110
科学行为和实践	13.074	4.182	8.000	32.000
科学社会资本	15.172	2.989	6.000	24.000
科学资本总分	59.489	8.116	22.760	69.460

注：平均水平=［（最大值+最小值）/2］。

① Archer L, Dawson E, DeWitt J, et al.Science capital: a conceptual, methodological, and empirical argument for extending bourdieusian notions of capital beyond the arts[J].Journal of Research in Science Teaching, 2015, 52(7): 922-948.

1.1.4.2 科学资本阶层差异对科学职业理想的影响

有研究表明，学生科学职业理想与不同的科学资本阶层存在某种关联，不同科学资本阶层的学生在未来科学职业愿望中表现出不同，科学资本阶层对科学职业理想具有显著的预测作用。①②鉴于此，本研究将科学资本水平的差异进行量化，将科学资本分成高、中、低三组，高于均值一个标准差的划分为高分组，低于均值一个标准差的划分为低分组，其余为中分组。其中，科学职业理想采用问卷中的7个项目来测量。题项均采用李克特五级量表记分法，从“完全不同意”到“完全同意”分别赋值1、2、3、4、5分。值越高表示科学职业理想越强烈。

为检验高、中、低三组科学资本阶层的学生在未来科学职业理想上的差异情况，采用单因素方差分析进行检验，结果显示：高、中、低三组科学资本阶层的学生在科学职业理想上存在显著差异（$F = 132.492$，$p < 0.001$）。事后两两比较结果进一步显示，高科学资本阶层学生的科学职业理想显著高于中、低科学资本阶层的学生（$p < 0.001$）。这也意味着关注科学资本积累，更多地需要关注科学资本阶层的差异。（见表8-6）

表8-6 未来科学职业理想在不同科学资本阶层上的差异检验

分组	均值	标准差	F	p
高科学资本阶层	21.060	4.396		
中科学资本阶层	19.345	4.719	132.492***	0.000
低科学资本阶层	15.183	5.998		

① Archer L, DeWitt J, Osborne J, et al.Science aspirations, capital, and family habitus: how families shape children's engagement and identification with science[J]. American Educational Research Journal, 2012, 49(5): 881-908.

② 李玲，朱海雪，潘士美.科学资本对西部学生科学职业理想的影响研究[J].华东师范大学学报(教育科学版)，2020(7)：117-126.

1.1.5 讨论与结论

1.1.5.1 科学资本模型的构建与形成

问卷模型验证的结果表明，科学资本是由科学文化资本（包括科学素养、科学倾向/偏好、科学资历在未来劳动力市场中转化成的象征性知识）、科学社会资本（包括父母的科学资历、同其他人谈论科学以及科学行业工作者社会网络）、科学行为与实践（包括科学媒体消费、校外科学活动参与）构成的三维度八因子模型。厘清科学资本各因子内部的逻辑关系是构建科学资本模型的前提，是深化科学资本认识的基础。关于科学资本的操作定义，主要借鉴国外Archer等人的理论模型，根据国内中学生的发展特点，对科学资本问卷进行修订、检验后并在我国中学生范围内进行了初测，收集到一定的科学资本数据，使科学资本在我国中学生范围内首先得到验证。

第一，在问卷修订过程中，本研究充分结合了本土学生的发展特点与规律，在不改变原问卷科学资本概念结构的基础上进行问卷优化。如原问卷中科学素养采用的项目主要涉及对科学知识、技能的理解及科学知识在日常生活中的运用，本研究在修订问卷时采用国际学生评价项目中的科学素养测试代替了原问卷中的科学素养测试，修订后的科学素养包括“辨别科学议题”“解释科学现象”和“科学举证”三个维度。已有研究也表明：PISA科学素养测试成绩能够很好地反映学生掌握及运用科学领域知识来界定问题、获取新知识、解释科学相关问题、基于证据总结科学现象和事件的科学能力水平。[①]除此之外，还修订了原问卷中一些表述不适合国内学生的项目，如原问卷中“观看其他含有科学内容的电视节目（例如《生

① 黄亮，赵德成．校长领导力对学生学业成就的影响——教师教学投入与学校自主权的调节作用[J]．教育科学，2017(3)：35-41.

活大爆炸》等）”，国内学生对《生活大爆炸》不一定熟悉，为了保证问卷更具有本土化特点，此题修订为“观看其他含有科学内容的电视节目（例如《我爱发明》《最强大脑》等）”。

第二，本研究在理论分析的基础上结合实证检验的结果形成的科学资本问卷，能够为分析科学资本提供一个结构清晰的参考指标体系。首先，科学文化资本是科学资本的内涵。其中，科学素养是科学文化资本的重要组成部分，对科学相关知识的掌握是科学素养的基本要求，因此，对青少年而言，提升科学文化资本，培养其科学素养是首要的。其次，科学行为与实践是科学资本的外延。不管是科学媒体消费，还是校外科学活动参与都是学习科学知识的有利外部条件，它们与在校期间提升的科学文化资本相呼应，共同作用于提高其科学资本。最后，科学社会资本是科学资本的催化剂。父母的科学资历、同其他人谈论科学及从事与科学相关的工作对青少年提升科学资本起着催化作用。如家庭的熏陶及环境的渲染会使青少年更早实现对科学知识的了解，从而影响其对未来从事与科学相关职业的选择①。因此，科学文化资本、科学行为与实践与科学社会资本是科学资本的基本构成部分，三者相辅相成，缺一不可，共同致力于提升科学资本。

第三，科学资本理论模型是在布迪厄文化资本理论的基础上提出的。正是布迪厄对文化资本在时代变化中的认知，才使得文化资本与时代发展紧密地结合在一起。科学资本是新时代的产物和要求，本研究对科学资本的操作性内涵进行了界定，不但没有脱离布迪厄文化资本理论的框架，而且进一步丰富和发展了这一重要的社会学理论。同时也将布迪厄对技术资本的概念界定进行了延伸，将“科

① Dewitt J, Archer L, Mau A.Dimensions of science capital: exploring its potential for understanding students’ science participation [J]. International Journal of Science Education, 2016, 38(16): 2431-2449.

学”概念纳入这一理论体系中。科学资本理论模型的提出，不仅体现了对布迪厄文化资本理论的继承和发展，而且在新的社会经济背景下，为理解个体和集体在知识经济时代的竞争提供了新的视角。在这一理论框架下，科学资本被定义为个体或组织在科学知识、技能、研究能力以及与科学相关的社会网络等方面所拥有的资源和能力。这些资源和能力在现代社会中变得越来越重要，因为它们直接关系到创新能力和竞争力的提升。本研究进一步探讨了科学资本的积累和转化机制，指出科学资本并非一成不变，而是可以通过教育、培训、研究合作和政策支持等多种途径进行积累和提升。同时，科学资本的转化不仅体现在经济收益上，还包括社会地位的提升、文化影响力的增强以及对社会进步的贡献。此外，本研究还强调了科学资本在不同社会群体和区域之间的分布不均问题。由于历史、经济和政策等多种因素的影响，科学资本往往在某些群体或地区集中，而在其他群体或地区则相对匮乏。因此，如何通过公平的教育机会、科研投入和政策引导来缩小这种差距，成为一个亟待解决的社会问题。

综上所述，科学资本理论模型不仅为理解现代社会中科学知识和技能的重要性提供了新的理论工具，而且为政策制定者提供了促进科学资本公平分配和有效利用的参考。未来的研究可以进一步深入探讨科学资本与其他类型资本（如经济资本、社会资本）之间的相互作用，以及在全球化背景下科学资本的国际流动和竞争策略。通过这些研究，我们可以更好地把握科学资本在推动社会进步和经济发展中的关键作用。

1.1.5.2 义务教育阶段学生科学资本现状

科学资本已经被证明是比科学素养更有预测性的指标，问卷模型得到检验之后，本研究将修订后的科学资本问卷在西部地区中学进行了初步应用。研究结果显示：学生整体科学资本水平较低，尤其在科学行为与实践方面偏低；科学资本与未来科学职业理想具有关联，高科学资本阶层的学生更愿意从事与科学相关的工作。

其一，西部地区学生科学资本处于较低水平，尤其在科学行为与实践方面偏低。这主要由于西部欠发达地区经济水平较低，家庭收入整体偏少，学校教育资源不足，这些都难以满足学生对科学资本的初步积累。经济条件是科学资本积累的前提，经济条件差的家庭，父母没有能力为子女创造更多家庭文化资本上的优势，没有经济条件带领子女经常参加非正式的科学活动（如参观科学中心、科学博物馆或天文馆）或者带子女一起观看科技类节目，从行为上表现出对子女较低的科学教育期望[①]，从而影响着他们的科学行为实践。针对这一问题，可以通过加强学校内部不同科学资本阶层或不同科学资本阶层学校之间的家长的协作，可以将优秀学生的家庭教育方式和理念等通过家长委员会、学校等实现共享，这些信息的分享有助于其他家庭及时明确自己的不足，从而及时调整家庭教育方式。此外，西部偏远农村学校教师总量不足，教师结构性缺编严重，这种结构性缺编会导致高师生比，这也往往使得科学实践无法有效进行，致使学生的科学资本处于较低水平。[②]除了高师生比，教师结构性缺编还会导致全科教师的缺乏，特别是缺乏科学专业出身的教师，导致科学课大都是由其他科目教师兼顾，一学期也开展不了几次，学生难以体验到科学课的乐趣。这需要政府进一步深入推进义务教育标准化建设，加强乡村教师队伍建设，落实乡村教师支持计划，解决结构性、阶段性、区域性教师短缺问题。

① Goyette K, Xie Y. Educational expectations of Asian American youths: determinants and ethnic differences[J].Sociology of Education, 1999, 72(1): 22-36.

② 赵德成，郭亚歌，焦丽亚. 中国四省（市）15岁在校生科学素养表现及其影响因素——基于PISA2015数据的分析[J]. 教育研究，2017(6): 80-86.

为了进一步提升西部地区学生的科学资本，除了上述提到的措施外，还可以采取以下策略：

（1）强化师资培训和专业发展。通过定期举办教师培训和研讨会，提高在职教师的科学教育水平。邀请科学教育专家和优秀教师分享教学经验，鼓励教师进行科学教学方法的创新和实践。同时，为教师提供进修和深造的机会，尤其是鼓励他们攻读与科学教育相关的课程，以提升其专业素养。

（2）利用现代技术弥补资源不足。借助互联网和多媒体技术，为西部地区学校提供丰富的在线科学教育资源。例如，通过网络平台，学生可以观看科学实验视频，参与虚拟科学实验，甚至与国内外的科学家进行在线交流。此外，利用远程教育技术，让优质科学课程覆盖到偏远地区，缩小城乡教育差距。

（3）开展校际合作与交流。鼓励西部地区学校与中、东部地区学校建立合作关系，通过定期的交流活动，让西部地区的学生有机会接触先进的科学教育理念和实践。例如，可以组织学生参加科学夏令营、科学竞赛等活动，拓宽他们的视野，激发他们对科学的兴趣。

（4）增加科学教育投入。政府应加大对西部地区科学教育的财政投入，改善学校科学实验室和图书馆等基础设施。同时，为学生提供更多的科学实验材料和设备，使他们能够亲自动手进行科学实验，从而加深对科学知识的理解和应用。

（5）培养学生的科学探究能力。在科学教学中，注重培养学生的科学探究能力，鼓励他们提出问题、设计实验、收集数据和分析结果。通过这种方式，学生不仅能够掌握科学知识，还能够学会利用科学思维解决问题。

通过上述措施的实施，可以逐步提升西部地区学生的科学资本，为他们未来的学术发展和职业生涯打下坚实的基础。

其二，科学资本与未来科学职业理想有关联，高科学资本阶层的学生更愿意从事与科学相关的工作。前期研究表明：高科学资本阶层的学生的科学职业理想主要受家庭文化资本影响。[①]家庭作为个体成长的重要场所，来自家庭的支持对个体的成长影响很大。不同家庭因拥有不同的家庭文化资本，从而对子女的教育产生不同影响。[②]具有高家庭文化资本的家庭会及早地将优质科学教育资源及科学知识传递给学生或者利用他们自身的教育优势熏陶学生，塑造着学生早期的科学资本，并通过为其提供科学学习环境，影响着学生对未来科学职业理想的选择。父母的高科学教育期望和参与学生的科学资本累积过程，使学生早早接触并喜欢上了科学，愿意从事与科学相关的工作。这表明科学资本水平的差异会导致学生未来的教育期望及职业选择出现差异，只有降低科学资本阶层的差异程度并帮助较低科学资本阶层的学生获取更多的科学资本，才能激发学生的科学潜力，提升学生整体的科学资本水平。[③]因此，关注科学资本积累，更多地需要关注科学资本阶层的差异，这对培养国家创新人才具有重要意义。

为了缩小科学资本阶层之间的差距，教育政策制定者和学校管理者需要采取一系列措施。首先，应提供平等的科学教育资源，确保所有学生无论家庭背景如何，都能接触到高质量的科学教育。这包括改善教育资源分配，特别是在低收入和偏远地区的学校，要确

① 李玲，朱海雪，潘士美．科学资本对西部学生科学职业理想的影响研究[J]．华东师范大学学报(教育科学版)，2020(7)：117-126.

② 金久仁．从资本差距到场域隔离：城乡教育的家庭支持差距研究[J]．教育科学，2019，35(1)：1-8.

③ Yates S，Harris A，Sabates R，et al.Early occupational aspirations and fractured transitions：a study of entry into "neet" status in the UK[J]. Journal of Social Policy，2011，40(3)：513-534.

保这些地区的学生也能获得与城市学生同等的科学教育机会。

其次，教育体系应鼓励与培养学生的科学兴趣和探究精神，而不仅仅是传授知识。通过开展科学实验、科学俱乐部和科学竞赛等活动，激发学生对科学的好奇心和热情。同时，学校应与科研机构、大学和企业合作，为学生提供实习和参与科研项目的机会，使他们能够亲身体验科学工作的实际过程。

最后，教师在科学资本积累中扮演着至关重要的角色。因此，需要加强对科学教师的专业培训，提高他们的教学能力和科学素养。同时，鼓励教师进行教学创新，采用多样化的教学方法，以适应不同学生的学习需求和兴趣。家庭文化资本的差异对学生的科学资本积累有着显著影响，因此，家庭支持和参与也是不可忽视的因素。学校和社区可以组织家长教育活动，帮助家长了解如何在家中支持孩子的科学学习，提供科学教育资源和活动信息，鼓励家长与孩子一起参与科学探索。

综上所述，通过综合性的教育改革和政策支持，可以有效地减少科学资本阶层之间的差异，激发学生的科学潜力，为国家培养出更多具有创新精神和科学素养的人才。

1.1.6 研究结论

关于科学资本的操作定义，主要借鉴国外Archer等人的理论模型，根据国内中学生的发展特点，对科学资本问卷进行修订并在中国西部地区进行了问卷初测，收集到一定的科学资本数据，使科学资本在我国中学生范围内得到初步验证。

（1）模型检验结果发现：科学资本是由科学文化资本、科学社会资本、科学行为与实践构成的三维度八因子模型。

（2）问卷初步应用的结果发现：西部地区义务教育阶段学生科学资本处于较低水平，尤其在科学行为与实践维度上偏低；学生未来科学职业理想受不同科学资本阶层的影响，且高科学资本阶层的学生未来更愿意从事与科学相关的职业。

1.2　科学资本对科学职业理想的影响

《国家中长期人才发展规划纲要（2010—2020年）》中提出：国家人才队伍建设主要任务之一是要以高层次创新型科技人才为重点，努力造就一批世界水平的科学家、科技领军人才、工程师和高水平创新团队，注重培养一线创新人才和青年科技人才。习近平总书记在中央财经领导小组第七次会议上提出：人才是创新的根基，是创新的核心要素。创新驱动实质上是人才驱动。党的二十大报告也提出：坚定实施科教兴国战略、人才强国战略，培养造就一大批具有国际水平的战略科技人才、科技领军人才、青年科技人才和高水平创新团队。然而，科技创新人才的培养不是一蹴而就的，亦不是到了大学甚至更高学府才培养出来的，应从基础教育阶段学生培养和学生的科学理想抓起。

影响学生科学职业选择的因素很多，来自多个国家的数据表明，家庭和社会背景已经成为各国学生追寻科学事业的重要影响因素之一。布迪厄文化再生产理论指出，个体在家庭和父母影响下有一个早期社会化过程，即最初的文化资本积累过程，这个过程对个体教育的成败起着决定性的作用。对我国24位国家最高科学技术奖获得者的成才因素分析发现，其中仅有4位获奖者出身于贫苦农民家庭或普通工人家庭，而有19位获奖者其父母至少有一方为教师、工程师、专业技术人员或企业家。[①]由于家庭熏陶而预先拥有的文化资本差异，使他们并不真正处在同一起跑线上。来自文化资本雄厚家庭

① 李祖超，李蔚然，王天娥.24位国家最高科学技术奖获得者成才因素分析[J].教育研究，2014，35(12)：61-71.

的学生由于享有良好的家庭文化熏陶和优质的早期教育，在享受优质教育资源中拥有优先权，这些在潜移默化中转化成了他们的天赋品质，并保证了他们在竞争中的优势位置。①②

国外学者团队经过大量跟踪研究，在布迪厄的文化资本理论基础上提出了“科学资本”的概念。文化资本是指世代相传的一般文化背景、知识、性情等，涵盖了身体化、客观化和制度化三种形态。实证研究亦表明，在未来学生的科学参与上，“科学资本”是较“文化资本”更好的预测变量。③科学相关资源在社会关系优势和劣势的再生产中发挥着重要作用，应该被视为当代重要的合法化的资本形式。教育体系必须采取积极措施，确保所有学生无论背景如何都能获得高质量的科学教育。首先，教育资源的分配需要更加公平，确保贫困和偏远地区的学校能够获得与城市学校同等水平的科学教育设施和师资力量。其次，课程设计应注重激发学生的科学兴趣和潜能，通过实验、项目和探究式学习，让学生在实践中掌握科学知识和科学方法。

科学资源配置不均、科学资本阶层分割都会对学生未来的科学职业理想产生重要影响。在科学技术日新月异的今天，国家与民族的发展很大程度上取决于科学技术的创新与进步。《国家中长期科学和技术发展规划纲要（2006—2020年）》指出：同发达国家相比，我国科学技术总体水平还有较大差距，在一些地区特别是中西部农村，技术水平仍比较落后；科学研究质量不够高，优秀拔尖人才比

---

① 朱国华.文化再生产与社会再生产：图绘布迪厄教育社会学[J].华东师范大学学报(哲学社会科学版)，2015，47(5)：173-189，224.

② 吴愈晓，黄超.基础教育中的学校阶层分割与学生教育期望[J].中国社会科学，2016(4)：111-134.

③ Dewitt J，Archer L，Mau A.Dimensions of science capital：exploring its potential for understanding students' science participation[J]. International Journal of Science Education，2016，38(16)：2431-2449.

较匮乏；同时，科技投入不足，体制机制还存在不少弊端。虽然当前科学职业理想的影响因素已经得到学术界的关注，但是关于科学资本、科学资本阶层差异带来的职业选择差异及科学资本在科学职业理想中的作用仍缺乏系统的认知。在创新创业背景下，基于布迪厄文化资本理论，本书使用我国西部107所中学教育质量监测数据，旨在提出科学资本的概念与内涵，探究中学生科学资本阶层对其科学职业理想的作用机制，为国家培养后备科技拔尖人才、创新人才提供科学基础。

1.2.1 不同科学资本阶层学生的科学职业理想的差异

国外最新研究显示，学生科学职业理想与不同的科学资本阶层存在某种关联，不同科学资本阶层的学生在未来科学职业愿望中表现出不同，高科学资本阶层的学生更愿意未来从事科学工作[①]，中、低科学资本阶层的学生往往由于自身背景而使其学业抱负面临更多的不确定性[②]。

有研究表明：家长的支持对孩子在学业与职业发展中起到至关重要的作用。如果家长支持孩子学习科学或从事与科学相关的职业，可以激发学生学习科学或从事科学职业的兴趣。拥有高科学资本的家庭可能会通过日常生活中对科学重要地位的强调来积极地发展和维持孩子的职业理想，如为孩子提供科学设备、一起观看科学电视、经常性地讨论科学话题、参观科学博物馆等。[③]这些都可以对学生的

① Archer L，DeWitt J，Osborne J，et al.Science aspirations，capital，and family habitus：how families shape children's engagement and identification with science[J]. American Educational Research Journal，2012，49(5)：881-908.

② Yates S，Harris A，Sabates R，et al.Early occupational aspirations and fractured transitions：a study of entry into "neet" status in the uk[J].Journal of Social Policy，2011，40(3)：513-534.

③ Archer L，DeWitt J，Osborne J，et al.Science aspirations，capital，and family habitus：how families shape children's engagement and identification with science[J]. American Educational Research Journal，2012，49(5)：881-908.

科学职业理想产生潜移默化的影响。尽管我国还缺乏相关研究，鉴于教育过程的普遍规律，预计中国也存在相似的情况。因此，本研究认为高科学资本阶层的学生更愿意从事与科学有关的工作。

假设1：不同科学资本阶层的学生显示出明显的科学职业理想差异。高科学资本阶层的学生更愿意从事与科学有关的工作。

1.2.2 不同科学资本阶层学生的科学职业理想选择差异

布迪厄对家庭文化资本的讨论较为广泛，通过父母对孩子的教育期望、父母的阅读时间、父母的阅读态度、父母书籍拥有量和父母的受教育程度来衡量家庭文化资本。①②也有证据显示，不同家庭文化资本的学生在科学职业理想上存在着显著差异，家庭文化资本影响着学生对未来职业的选择，虽然成为科学家会令父母感到高兴，但是，是否愿意成为科学家是学生自己的事情。③而且布迪厄的资本理论也没有厘清不同科学资本阶层的学生对自己的教育乃至职业的选择究竟是被决定的（为了父母高兴），还是自己积极选择的结果。④虽然我们国家不存在等级制度，但是各地区基础教育资源分配不均，因此，我们提出以下假设：

假设2a：高科学资本阶层的学生，其科学职业理想受家庭文化资本的影响（被决定）大于低科学资本阶层的学生。

假设2b：低科学资本阶层的学生，其科学职业理想受自我教育期望的影响（自己选择）大于高科学资本阶层的学生。

---

① Bourdieu P, Passeron J.Reproduction in education, society and culture[M].Thousand Oaks: Sage, 1990.

② Dumais S A.Cultural capital, gender, and school success: the role of habitus[J]. Sociology of Education, 2002, 75(1): 44-68.

③ 翟俊卿，祝怀新.我国中学生科学职业理想的调查与分析[J].科普研究，2015(1):42-48.

④ 董泽芳，赵玉莲.从布尔迪厄文化再生产理论看社会分层与高等教育公平[J].现代大学教育，2015(6):1-6.

1.2.3 科学资本阶层对学生科学职业理想影响的群体差异

科学资本对学生科学职业理想的影响可能存在群体差异。已有证据显示：学生对科学的态度、学习科学的自我效能等都是影响学生形成科学职业理想的潜在因素①；高科学资本阶层的学生在科学领域中表现出更多的自信，未来选择当科学家的可能性显著大于低科学资本阶层的学生②；科学自我概念及科学效能感越强，对其未来从事科学职业愿望的影响越大③④。科学自我概念主要通过影响科学自信对职业愿望产生影响。科学自信较强、自我科学态度积极的学生由于其能力“优势”条件，可能本身就有较高的教育期望及明确的职业选择，由此提出以下假设：

假设3：科学资本阶层对自我科学态度积极的学生的科学职业理想的作用大于自我科学态度消极的学生。

假设4：科学资本阶层对科学自信强的学生的科学职业理想的作用大于科学自信弱的学生。

1.3 数据采集、变量与方法

1.3.1 数据采集

数据来源于西部107所初中学校。调查的执行以学校为基础，采用整群抽样的方法在调查学校内随机抽取初三一个班的学生（绝

① 翟俊卿，祝怀新．我国中学生科学职业理想的调查与分析[J]．科普研究，2015(10)：42-48.

② Archer L, DeWitt J, Osborne J, et al.Science aspirations, capital, and family habitus: how families shape children's engagement and identification with science[J]. American Educational Research Journal, 2012, 49(5): 881-908.

③Bandura A, Barbaranelli C, Caprara G V, et al.Self-efficacy beliefs as shapers of children's aspirations and career trajectories[J].Child Development, 2001, 72(1): 187-206.

④ Ferry T R, Fouad N A, Smith P L.The role of family context in a social cognitive model for career-related choice behavior: a math and science perspective[J]. Journal of Vocational Behavior, 2000, 57(3): 348-364.

大部分为15岁的学生）为被试样本，被抽中班级的学生全体入样。在剔除无效样本并匹配学校层面的教育经费和教育事业统计年鉴数据后，剩余有效学生样本量在4549～4701个之间。[①]通过大型问卷调查、现场观察、深度访谈的方式，我们还搜集了包括被调查学生的基本情况、家庭出身、学校教育资源分配等信息在内的多层次数据，建立了大型数据库系统和教育决策支持系统，为本研究探究中学生科学职业理想的影响因素提供了重要的数据支撑。

1.3.2 变量

1.3.2.1 结果变量

本研究的结果变量为科学职业理想。在问卷中我们使用7个项目来测量这一变量，分别是“我希望在科学领域工作”“我想成为一名科学家”“我认为我会成为一名好的科学家”“我想成为一名发明家”“我将来想当一名医生或从事医药工作”“我想有个可以运用科学知识的工作”和“我想从事工程方面的工作”。题项均采用李克特五级量表记分法，从“完全不同意”到“完全同意”分别赋值1、2、3、4、5分。平均数值越高表示科学职业理想越强烈。

1.3.2.2 自变量

本研究的目的是考察科学资本对学生科学职业理想的影响，核心自变量为科学资本阶层。使用科学资本问卷及科学素养测试进行测量。

其中科学资本问卷是在参照Archer等人编制的问卷的基础上，根据国内中学生身心发展特点对各维度项目进行适当调整后而形成的问卷。问卷涵盖三部分内容：科学文化资本、科学行为与实践和

① 由于存在缺失值，所以样本总体与各变量有效样本并不完全符合；由于对学生和107所学校数据进行了匹配，所以这里的学校样本数为匹配后的学生样本数。

科学社会资本。[①]根据教育测量要求，对调整后的科学资本问卷进行了因子分析，抽取10个因子后[②]，进一步对问卷项目进行信度分析，科学资本问卷及各维度信度系数在0.675～0.887之间，达到教育测量要求，可作为教育测量工具。随后采用经过标准化的科学资本问卷对所选被试进行测试，分数越高，表明拥有的科学资本越高。

为了收集学生的科学素养数据，本研究采用国际学生评估项目的科学素养测评试题对15岁的学生进行标准化考试。公开试题包括6个科学主题共计17道题目，本研究对公开试题的难度进行了调整，尽量保证其在科学素养7个水平等级上都能分布相应题目，并最大程度地涵盖“辨别科学议题”“解释科学现象”和“科学举证”三个能力维度，考试时间为45分钟。组织PISA专业评估人员进行了标准化阅卷，并按照PISA公开的难度参数运用IRT模型计算出学生的科学素养量尺分（500±100）。分数越高，表示科学素养水平越高。将两部分测试的分数进行多元综合评价，作为每个学生的科学资本得分，并依照组距将科学资本划分为低、中、高三个阶层，分别编码为1、2、3。

1.3.2.3 控制变量

本研究的控制变量包含三组，分别为学生个体、家庭和学校特征变量。学生个体变量控制了性别、民族、自我教育期望、科学自信、自我科学态度。家庭变量控制了家庭文化资本、户口因素，学校特征变量控制了学校教育资源的分配因素。

性别：国内外研究表明，性别差异对科学职业理想有显著影响，因此这是本研究的控制变量之一。在本研究的所有统计模型中，性

① Archer L, Dawson E, DeWitt J, et al. “Science capital”: a conceptual, methodological, and empirical argument for extending bourdieusian notions of capital beyond the arts[J]. Journal of Research in Science Teaching, 2015, 52(7): 922-948.

② Kaiser-Meyer-Olkin 度量值为0.879, Bartlett球形检验 $p<0.001$，说明适合进行因子分析。

别是一个虚拟变量（男性=1，女性=0）。

民族：民族因素是影响学生科学资本积累和职业选择的重要因素，得到了国内外研究的证实，因此，这也是本研究的控制变量之一。由于少数民族学生在样本中所占比例较小，本研究仅区分汉族和少数民族（汉族=1，少数民族=0）。

自我教育期望：通过问卷中“你希望自己念书念到什么程度?”这一问题进行测量。有效回答包括“现在就不要念了”“初中毕业”“高中阶段（中专/技校、职业高中、普通高中）”“大学专科”“大学本科”“硕士研究生”“博士研究生”，分别赋值1、2、3、4、5、6、7。

科学自信：问卷中我们使用4个项目来测量学生的这一变量，分别是“我知道如何使用科学的证据来论证一个观点”“我知道相当多科学知识”“我在科学课堂上能自信地回答老师提出的问题”和“我不够聪明，以至于与科学相关的课程都学不好”。项目均采用李克特五级量表记分法，前三题从“完全不同意”到“完全同意”，分别赋值1、2、3、4、5分，第四题为反向记分题，从“完全不同意”到“完全同意”，分别赋值5、4、3、2、1分。数值越高表示科学自信越强。

自我科学态度：通过问卷中“下列哪项表述最能准确描述你的想法?”这一问题进行测量。有效回答包括“A.我想在大学主修一个科学学科”“B.我想在高中课程中选修一个或多个科学学科（例如生物、化学、物理等）”“C.我想在初中毕业后学习一些科学知识但不是通过B选项的方式”“D.初中毕业后我不想学习任何科学知识”“E.以上都不是，我也不知道”。对自我科学态度重新编码：选择A、B的为自我科学态度积极的学生（积极=1），选择C、D、E的为自我科学态度消极的学生（消极=0）。

家庭文化资本：本研究使用受访者父母职业、父母的受教育水平、父母的教育期望和家庭藏书量作为家庭文化资本的测量指标。问卷通过设置“没受过任何教育”“小学”“初中”“高中阶段（中专/技校、职业高中、普通高中）”“大学专科”“大学本科”“研究生及以上”7个选项询问了受访者父母的受教育水平，分别赋值1、2、3、4、5、6、7。父母的教育期望通过问卷中“你父母对你的教育期望是______？”这一问题进行测量。有效回答包括“现在就不要念了”“初中毕业”“高中阶段（中专/技校、职业高中、普通高中）”“大学专科”“大学本科”“硕士研究生”“博士研究生”，分别赋值1、2、3、4、5、6、7。问卷同时还询问了受访者的家庭藏书量（“少于10本”=1、“10~50本”=2、“51~100本”=3、“101~200本”=4、“200本以上”=5）。通过主成分分析法，本研究将上述三个测量家庭文化资本的变量聚合成一个因子——家庭文化资本，并将低于平均水平的学生归为低家庭文化资本组（编码为0），等于或高于平均水平的学生归为高家庭文化资本组（编码为1）

户口：控制家庭出身对职业选择的影响（非农=1，农业=0，无或不知道=99），以消除职业理想和科学资本在城乡之间的差异。

学校教育资源的分配。从四个方面控制了学校教育资源的分配，分别为：学校区域、生师比、生均图书和生均经费。①其中学校区域是表示学校城乡分布的二分变量（城市=1，乡镇=0）；生师比是指学生数量与老师数量之比；生均图书是指学校图书量平均在每个学生身上所占的比例；生均经费是学校初中生的人均财政拨款情况。

本研究使用的所有变量的描述性统计结果具体见表8-7。

① 其中，学校区域分为乡镇和市（区）县两级；当年在校教师数=（年末教师数+年初教师数）/2；当年在校学生数=（年末学生数+年初学生数）/2；生均经费是指公共财政预算安排的教育经费、政府性基金预算安排的教育经费、事业收入、上级补助收入、其他收入、企业拨款或者民办学校中举办者投入的经费之和/当年在校学生数。

表 8-7 所有变量的描述性统计

变量	均值	标准差	最小值	最大值
科学职业理想	3.008	0.840	2.774	3.403
科学资本	3.086	0.817	−0.86	0.96
家庭文化资本	0.072	0.259	0	1
自我教育期望	2.410	0.600	1	3
科学自信	2.698	0.839	1	5
自我科学态度	3.401	1.005	1	5
性别	0	1	0.453	0.498
民族	0	1	0.880	0.324
户口	0	1	0.093	0.291
学校区域	0	1	0.365	0.482
生师比	6.07	38.51	21.586	5.962
生均图书	5.19	41.89	18.463	7.902
生均经费	1917.56	20047.39	5837.69	2677.007

1.4 分析步骤和研究方法

分析步骤包括三个部分：第一部分是描述统计，使用因子分析对学生科学资本水平进行多元综合评价，比较高、中、低三类科学资本水平学生的科学职业理想的差异；第二部分使用多元回归模型进行分析，估计科学资本阶层对科学职业理想的影响；第三部分为了估计模型中存在的条件效应，构建交互项进行多元回归分析，以检验科学资本阶层对学生科学职业理想的影响是否因家庭和学生群体差异而不同。具体方法如下：

1.4.1 学生科学资本水平的综合评价

将因子分析运用于多指标综合评价中，可以综合不同类型指标量纲的变差，在综合时也可以通过降维确定各指标的权。由于可以对因子进行旋转处理，相对主成分分析来说，因子的性质比较容易明确、容易解释，利于样本的评价和评价指标的分类。因子分析的评价方法适合本研究的变量特点，所以本研究使用SPSS 20.0通过因子分析对学生的科学资本水平（$Z_{综}$）进行综合评价。

表达式①如下：

$$Z_{综} = \sum_{i=1}^{m}(v_i/p)Z_i$$

这里，$Z_{综}$是因子得分估计值的线性加权和，权数即v_i/p，是旋转后因子对X的方差贡献率，Z_i是因子得分估计值，m为因子个数。

1.4.2 多元线性回归模型

本研究使用一般多元线性回归模型，通过逐步纳入自变量的方法探究科学资本对科学职业理想的影响，并通过构建交互项探究自变量对因变量的影响是否存在条件效应。条件效应模型如下：

$$Y = \beta_0 + \beta_1 X_1 + \beta_2 X_2 + \beta_3 X_1 X_2 + e$$

这里，Y代表科学职业理想，β_0为常量，β_1、β_2为自变量回归系数，β_3为交互项回归系数，e为标准误。本研究构建的交互项有四个：科学资本阶层×家庭文化资本；科学资本阶层×自我教育期望；科学资本阶层×科学自信；科学资本阶层×自我科学态度。

1.5 研究结果与分析

1.5.1 不同科学资本阶层学生的科学职业理想的现状描述

根据相关文献及数据调查结果，我们针对当前中国西部地区初中生科学资本及科学职业理想现状，推断科学资本存在明显的阶层分化，并对科学职业理想产生不同的影响。

为检验这一论断，我们首先对学生科学资本情况进行描述，并按科学资本水平的差异进行量化，分成不同的科学资本阶层。具体操作方法：对学生科学资本阶层进行综合评价后，学生在科学资本

① 林海明，张文霖．主成分分析与因子分析的异同和SPSS软件——兼与刘玉玫、卢纹岱等同志商榷[J]．统计研究，2005(3)：65-69.

测验上的分数最低值为-0.86[①]，最高值为0.96。依照组距d =（0.96 + 0.86）/3 = 0.61，将科学资本阶层划分为高［0.96，0.35］、中［0.35，-0.26］、低［-0.26，-0.86］三组，分别占总样本比例的14.1%、77.3%和8.6%。

为检验高、中、低三组科学资本阶层的学生在未来科学职业理想上的差异情况，实验采用单因素方差分析对高、中、低三类学生在职业理想问卷上的得分进行了比较。结果显示，三类科学资本阶层的学生在未来科学职业理想上差异显著（F = 49 1.459，p<0.001）。LSD多重比较结果进一步显示，相较中、低科学资本阶层的学生，高科学资本阶层的学生未来选择科学家或与科学相关的工作的愿望更强烈（见表8-8）。其原因在于我国优质教育资源配置不均，西部地区基础教育优质资源较少且分布集中，优质资源大多集中于城市地区或精英家庭。从我们的田野调查数据资料中得知，高科学资本阶层的学生大多来自精英家庭或者城市地区学校，所处环境科学方面的优质资源丰富，他们获得的科学知识及资源比其他阶层尤其是农村地方的学生要多，因此，他们对科学的兴趣及科学职业理想会更强烈，这与我们前面的假设1相符，即高科学资本阶层的学生更想从事与科学相关的工作。

表8-8　所有变量的描述性统计

变量	均值	标准差	最小值	最大值
科学职业理想	3.008	0.840	2.774	3.403
科学资本	3.086	0.817	-0.86	0.96
家庭文化资本	0.072	0.259	0	1
自我教育期望	2.410	0.600	1	3

① 因为$Z_{综}$是一组关于平均数为0的n个离差分数，这里的负值是数据标准化传递效应的结果，正负只表示与平均水平的相对位置关系。

续 表

变量	均值	标准差	最小值	最大值
科学自信	2.698	0.839	1	5
自我科学态度	3.401	1.005	1	5
性别	0.453	0.498	0	1
民族	0.880	0.324	0	1
户口	0.093	0.291	0	1
学校区域	0.365	0.482	0	1
生师比	21.586	5.962	6.07	38.51
生均图书	18.463	7.902	5.19	41.89
生均经费	5837.69	2677.007	1917.56	20047.39

1.5.2 不同科学资本阶层的学生在科学职业理想选择上的差异

通过回归模型考察不同科学资本阶层的学生在未来科学职业理想选择上的差异。表8-9汇报了线性回归结果。

表8-9 估计家庭文化资本对科学职业理想的线性回归模型

变量	模型（1）	模型（2）	模型（3）
性别	0.248***	0.251***	0.251***
	（0.025）	（0.023）	（0.023）
民族	−0.008	−0.009	−0.009
	（0.008）	（0.008）	（0.008）
户口	0.001	0.001	0.001
	（0.001）	（0.001）	（0.001）
学校区域	−0.017	−0.029	−0.028
	（0.027）	（0.025）	（0.025）
生师比	0.003	0.005+	0.005+
	（0.003）	（0.003）	（0.003）
生均图书	−0.001	−0.000	−0.000
	（0.002）	（0.001）	（0.001）

续 表

变量	模型（1）	模型（2）	模型（3）
生均经费	−0.000	−0.000	−0.000
	（0.000）	（0.000）	（0.000）
科学资本阶层		0.725***	0.707***
		（0.025）	（0.026）
家庭文化资本		−0.116**	−0.527**
		（0.045）	（0.188）
科学资本阶层 × 家庭文化资本			0.190*
			（0.084）
常数项	2.886***	1.429***	1.461***
	（0.982）	（0.103）	（0.104）
Observations	4479	4304	4304
Pseudo R-squared	0.024	0.190	0.191

注：$^{+}p < 0.1$，$^{*}p < 0.05$，$^{**}p < 0.01$，$^{***}p < 0.001$（双侧检验），括号内为标准误。

表8-9中模型（1）是基准模型，估计学生个体、家庭和学校特征对学生科学职业理想的影响。可以发现，性别因素在0.001水平上显著，其他因素未见显著。控制其他因素后，个体因素中，相比女生，男生更愿意从事与科学相关的职业。

模型（2）在模型（1）的基础上加入科学资本阶层及家庭文化资本两个自变量，系数分别为0.725（$p < 0.001$）、−0.116（$p < 0.001$），说明高科学资本阶层、低家庭文化资本学生的科学职业理想更强烈，验证了假设1。为进一步验证不同科学资本阶层学生的科学职业理想受家庭文化资本影响的不同，模型（3）中加入科学资本阶层与家庭文化资本的交互项，结果显示（交互项系数0.190）差异显著（$p < 0.05$），表明该变量在高科学资本阶层的学生中作用更明显，即相较于中、低科学资本阶层的学生，高科学资本阶层的学生的科学

职业理想更多的是被决定的，家庭文化资本高的家庭，其家长的受教育水平高、科学知识丰富，这些家长对自己子女的教育期望及未来职业选择都会给予建议，因此，家庭文化资本对高科学资本阶层学生的科学职业理想的影响大于其他科学资本阶层的学生，这一结果验证了我们的假设2a。

既然中、低科学资本阶层的学生的未来职业选择受家庭文化资本影响不大，那么他们的科学职业理想是自己选择的结果吗？为验证这一问题，我们将自我教育期望这一变量纳入模型进行估计，结果在表8-10中显示。

表8-10　估计自我教育期望对科学职业理想的线性回归模型

变量	模型（1）	模型（2）	模型（3）
性别	0.248***	0.240***	0.239***
	（0.025）	（0.025）	（0.025）
民族	−0.008	−0.011	−0.011
	（0.008）	（0.008）	（0.008）
户口	0.001	0.001	0.001
	（0.001）	（0.001）	（0.001）
学校区域	−0.017	−0.017	−0.017
	（0.027）	（0.027）	（0.027）
生师比	0.005+	0.008**	0.008**
	（0.003）	（0.003）	（0.003）
生均图书	−0.001	−0.000	−0.000
	（0.002）	（0.002）	（0.002）
生均经费	−0.000	−0.000	−0.000
	（0.000）	（0.000）	（0.000）
科学资本阶层		0.682***	0.748***
		（0.027）	（0.041）

续 表

变量	模型（1）	模型（2）	模型（3）
自我教育期望		−0.273**	−0.045
		（0.026）	（0.111）
科学资本阶层 × 自我教育期望			−0.116*
			（0.055）
常数项	2.886***	1.567***	1.435***
	（0.982）	（0.115）	（0.130）
Observations	4479	3577	3577
Pseudo R-squared	0.024	0.221	0.222

注：+$p<0.1$，*$p<0.05$，**$p<0.01$，***$p<0.001$（双侧检验），括号内为标准误。

表8-10中模型（1）是基准模型，估计学生个体、家庭和学校特征对学生科学职业理想的影响。可以发现，性别因素在0.001水平上显著，生师比在0.1水平上显著，其他因素未见显著。控制其他因素后，个体因素中，相比女生，男生更愿意从事与科学相关的职业；学校因素中，生师比越大，学生的科学职业理想越强烈。教师数量多的学校一般规模相对较大，拥有本科及以上学历的教师占比会相对较高，学生接受的科学相关知识多，对其科学职业理想产生积极影响。

模型（2）在模型（1）的基础上加入科学资本阶层及自我教育期望两个自变量，系数分别为0.682（$p<0.001$）、−0.273（$p<0.001$），说明高科学资本阶层、低自我教育期望学生的科学职业理想更强烈。再次验证了假设1。为进一步检验中、低科学资本阶层学生的科学职业理想是自己选择的结果，模型（3）中加入科学资本阶层与自我教育期望的交互项，结果显示（交互项系数为−0.116）差异显著（$p<0.05$），表明该变量在中、低科学资本阶层的学生中作用更明显，即相较于高

科学资本阶层的学生，中、低科学资本阶层的学生的科学职业理想更多的是自我选择的结果。这可能是由于中、低科学资本阶层的学生往往缺乏优质科学资源，父母文化资本相对较弱，尤其是在农村地区，他们更多的是靠自己，对自己的教育期望及未来职业理想有清醒的认知，因此，他们更多的是自我选择未来职业。这一结果验证了我们的假设2b。

1.5.3 科学资本阶层对科学职业理想影响的群体差异

科学资本阶层对学生科学职业理想产生的影响是在不同特征学生群体中存在差异，还是都一样？为回答这一问题，我们采用回归模型估计了科学自信及科学资本阶层与科学自信的交互效应，表8-11与表8-12显示了估计结果。

表8-11 估计科学自信对科学职业理想的线性回归模型

变量	模型（1）	模型（2）	模型（3）
性别	0.248***	0.214***	0.207***
	(0.025)	(0.025)	(0.023)
民族	−0.008	−0.011	−0.010
	(0.008)	(0.007)	(0.007)
户口	0.001	0.001	0.001
	(0.001)	(0.001)	(0.001)
学校区域	−0.017	−0.012	−0.012
	(0.027)	(0.027)	(0.027)
生师比	0.003	0.006*	0.005*
	(0.003)	(0.003)	(0.003)
生均图书	−0.001	−0.000	−0.000
	(0.002)	(0.002)	(0.000)
生均经费	−0.000	−0.000	−0.000
	(0.000)	(0.000)	(0.000)
科学资本阶层		0.550***	0.309***
		(0.029)	(0.071)

续 表

变量	模型（1）	模型（2）	模型（3）
科学自信		0.232***	0.580
		（0.017）	（0.050）
科学资本阶层 × 科学自信			0.091***
			（0.024）
常数项	2.886***	1.111***	1.558***
	（0.98）	（0.112）	（0.164）
Observations	4479	3576	3576
Pseudo R-squared	0.024	0.237	0.240

注：*$p<0.05$，**$p<0.01$，***$p<0.001$（双侧检验），括号内为标准误。

表8-11中模型（1）是基准模型，估计学生个体、家庭和学校特征对学生科学职业理想的影响。可以发现，性别因素在0.001水平上显著，其他因素未见显著。控制其他因素后，相比女生，男生更愿意从事与科学相关的职业。

模型（2）在模型（1）的基础上加入科学资本阶层及科学自信两个自变量，系数分别为0.550（$p<0.001$）、0.232（$p<0.001$），说明高科学资本阶层、科学自信强的学生的科学职业理想更强烈。为进一步验证不同科学资本阶层学生的科学职业理想受科学自信的影响不同，模型（3）中加入科学资本阶层与科学自信的交互项，结果显示（交互项系数为0.091）差异显著（$p<0.001$），表明该变量在高科学资本阶层的学生中作用更明显，即相较于中、低科学资本阶层的学生，高科学资本阶层的学生的科学职业理想更多地受科学自信的影响。有证据显示，科学自信强的学生更愿意承认自己是“科学人”，并且认同他人对自己的看法（他人认同），这些人往往在科学上取得过优异成绩或拥有较高的科学相关资源。而科学自信弱的学生往往认为科学是很重要，科学工作也很有价值，但这并不属于

"他们"。[①②]因此，科学资本阶层对科学自信强的学生更能产生影响。这一结果验证了我们的假设3。

表8-12　估计自我科学态度对科学职业理想的线性回归模型

变量	模型（1）	模型（2）	模型（3）
性别	0.248***	0.256***	0.254***
	(0.025)	(0.025)	(0.025)
民族	-0.008	-0.067+	-0.064
	(0.008)	(0.039)	(0.039)
户口	0.001	0.001	0.001
	(0.001)	(0.001)	(0.001)
学校区域	-0.017	-0.028	-0.029
	(0.027)	(0.027)	(0.027)
生师比	0.003	0.005+	0.005+
	(0.003)	(0.003)	(0.003)
生均图书	-0.001	-0.000	-0.000
	(0.002)	(0.002)	(0.001)
生均经费	-0.000	-0.000	-0.000
	(0.000)	(0.000)	(0.000)
科学资本阶层		0.458***	0.214**
		(0.031)	(0.075)
自我科学态度		0.250**	0.118**
		(0.015)	(0.039)
科学资本阶层 × 自我科学态度			0.074***
			(0.021)

① DeWitt J, Osborne J, Archer L, et al. Young children's aspirations in science: the unequivocal, the uncertain and the unthinkable[J]. International Journal of Science Education, 2013, 35(6): 1037–1063.

② Jenkins E, Nelson N W. Important but not for me: students attitudes toward secondary school science in England[J]. Research in Science & Technological Education, 2005, 23(1): 41–57.

续 表

变量	模型（1）	模型（2）	模型（3）
常数项	2.886***	0.974***	1.392***
	（0.98）	（0.118）	（0.165）
Observations	4479	3559	3559
Pseudo R-squared	0.024	0.260	0.262

注：+$p<0.1$，*$p<0.05$，**$p<0.01$，***$p<0.001$（双侧检验），括号内为标准误。

表8-12中模型（1）是基准模型，估计学生个体、家庭和学校特征对学生科学职业理想的影响。可以发现，性别因素在0.001水平上显著。控制其他因素后，相比女生，男生更愿意从事与科学相关的职业。

模型（2）在模型（1）的基础上加入科学资本阶层及自我科学态度两个自变量，系数分别为0.458（$p<0.001$）、0.250（$p<0.01$），说明高科学资本阶层、自我科学态度积极的学生的科学职业理想更强烈，验证了假设1。为进一步验证不同科学资本阶层学生的科学职业理想受自我科学态度的影响不同，模型（3）中加入科学资本阶层与自我科学态度的交互项，结果显示（交互项系数为0.074）差异显著（$p<0.001$），表明该变量在高科学资本阶层的学生中作用更明显，即相较于中、低科学资本阶层的学生，高科学资本阶层学生的科学职业理想更受自我科学态度的影响。在调查中，表示愿意在未来的学业中选择科学相关专业的学生大部分集中在城市区域学校，其家庭文化资本丰厚，这部分学生在中学里对科学有浓厚的兴趣并且参与过多种课内外科技活动，积累了丰富的科学资本，而科学资本低的学生群体大部分集中在农村或经济不发达地区，其家庭文化资本比较薄弱，这部分学生很少有机会参与科学活动，因此对科学的态度比较平淡，他们将来不会从事与科学相关的工作。这一结果验证了我们的假设4。

1.6 结论

本研究使用我国西部地区107所中学教育质量监测数据，探讨了不同科学资本阶层学生的未来科学职业理想的选择情况及影响不同科学资本阶层学生的科学职业理想的因素。本研究主要发现有以下几方面：

第一，相比中、低科学资本阶层，高科学资本阶层的学生更想从事与科学相关的工作或成为科学家。这些学生大多来自城市地区的优质学校及精英家庭，科学资源的丰富使得这些学生很早便能进行科学资本的积累，对科学的理解及未来对科学职业的期望都要强于其他科学资本阶层的学生。随着这些学生逐渐长大，他们所处的环境继续为他们提供各种优势。家长不仅在经济上给予支持，还通过各种方式激发孩子们对科学的兴趣。例如，他们带孩子参观科技博物馆、参加科学夏令营，甚至请来科学家为孩子做私人辅导。这些经历不仅拓宽了学生的视野，还让他们在同龄人中脱颖而出。在学校里，这些学生往往能够接触到最前沿的科学教育。他们的老师通常是那些对科学充满热情且具备深厚专业知识的教育者。学校不仅提供丰富的科学课程，还鼓励学生参与各种科学竞赛和研究项目。因此，这些学生在科学竞赛中屡屡获奖，他们的研究项目也常常在学术会议上得到展示。随着年龄的增长，这些学生开始为接受高等教育做准备。他们中的许多人申请了国内外顶尖大学的科学与工程专业。由于他们从小积累的科学资本，加上家庭背景的支持，他们往往能够顺利进入理想的大学。在大学里，他们继续在科学领域深造，很多人在本科阶段就参与了重要的科研项目，甚至发表了学术论文。

中、低科学资本阶层的学生因其大部分来自农村或偏远地区，他们对自己未来的职业选择受到教育资源匮乏的影响，更多地会选择将来赚钱多的职业①，而不是根据自己的兴趣和特长来选择。由于缺乏足够的信息和指导，这些学生往往对各种职业的认识非常有限，导致他们在职业规划上显得迷茫和无助。他们中的许多人甚至不知道如何获取相关的职业信息，更不用说了解各种职业的发展前景和所需技能了。此外，家庭经济条件的限制也使得这些学生在选择职业时更加现实。他们往往需要尽早地为家庭分担经济压力，因此更倾向于选择那些能够快速带来经济回报的职业。这种现实的压力使得他们在职业选择上往往缺乏长远的规划，而是更多地关注短期的经济利益。然而，这种情况并非无法改变。教育部门和学校可以通过多种方式来帮助这些学生拓宽视野，了解更多的职业选择。例如，学校可以邀请各行各业的专业人士来校作讲座，分享他们的职业经历和心得，让学生们对各种职业有更直观的认识。此外，学校还可以组织职业体验活动，让学生们有机会亲身体验不同的工作环境，从而更好地了解自己的兴趣和潜力。同时，政府和社会各界也可以通过提供更多的奖学金和资助项目，帮助这些学生减轻经济负担，使他们有更多的时间和精力去探索自己的兴趣和潜能。通过这些措施，我们可以帮助中、低科学资本阶层的学生打破教育资源匮乏的限制，为他们提供更多的职业选择和发展机会。

第二，控制其他变量，研究发现，高科学资本阶层的学生在科学职业理想上更多地受家庭文化资本（被决定）的影响，而中、低科学资本阶层的学生更多地受自我教育期望（自我选择）的影响。家庭对一个学生的自我教育期望及职业选择影响很大，父母文化资本高会直接“参与”学生的教育选择，相比之下，家庭文化资本低

---

① 翟俊卿，祝怀新．我国中学生科学职业理想的调查与分析[J]．科普研究，2015(1)：42-48.

的学生，父母对其职业选择建议较少，学生更多的是自我选择的结果。

然而，家庭文化资本的高低并非决定学生自我教育期望和职业选择的唯一因素。社会环境、学校教育以及个人兴趣和能力也在其中扮演着重要的角色。例如，一个来自文化资本较低家庭的学生，如果在学习中表现出色，可能会引起老师和同学的关注，从而获得更多的支持和鼓励。学校提供的职业指导和实习机会，也可能帮助学生发现自己的兴趣和潜力，进而让学生做出更明智的职业选择。此外，社会环境中的各种资源和机会也会对学生的教育和职业选择产生影响。例如，一个学生如果生活在教育资源丰富的地区，可能会有更多的机会接触到各种课外活动和兴趣小组，从而拓宽视野，发现自己的兴趣所在。相反，如果一个学生生活在资源匮乏的地区，可能需要付出更多的努力去寻找和利用有限的资源。个人兴趣和能力也是影响教育期望和职业选择的重要因素。有些学生可能对某一领域有着浓厚的兴趣，即使家庭文化资本不高，他们也会通过自己的努力去追求自己的梦想。例如，一个对艺术有浓厚兴趣的学生，可能会在课余时间自学绘画、音乐等技能，甚至通过学习网络资源进行自我提升。而那些在学术或技术方面有特殊才能的学生，也可能会得到学校和社会的关注，从而获得更多的支持和机会。

总之，家庭文化资本对学生的自我教育期望和职业选择确实有重要影响，但并非唯一因素。社会环境、学校教育、个人兴趣和能力等多方面因素共同作用，塑造了学生的教育和职业道路。因此，为了帮助学生更好地实现自己的潜力，家庭、学校和社会应共同努力，为他们提供更多的支持和机会。

第三，科学资本阶层对学生未来科学职业理想的影响产生了群体差异，高科学资本阶层的学生更易受自我科学态度及科学自信的影响。高科学资本阶层的学生对自己成为一个“科学人”有清晰的认知，对自己职业的选择有明确的判断，而中、低科学资本阶层的学生会认为科学“不适合”他们，他们在未来职业的选择上很少会选择与科学相关的工作。

高科学资本阶层的学生往往在成长过程中就接触到了丰富的科学资源和知识。他们的家庭和学校环境鼓励探索与实验，并提供各种科学活动的机会。这些学生在科学教育中获得了成功体验，从而增强了他们的自信心和对科学的兴趣。他们不仅在课堂上表现出色，而且积极参与课外科学俱乐部、科技竞赛和研究项目。这些经历不仅加深了他们对科学的理解，还帮助他们建立了广泛的人际网络，为未来的职业发展打下了坚实的基础。相比之下，中、低科学资本阶层的学生往往缺乏这样的资源和机会。他们的学校可能没有足够的科学设备和材料，课外科学活动也相对缺乏，家庭环境可能更注重实用技能而非科学探索，从而导致这些学生对科学缺乏兴趣和信心。由于缺乏科学教育的积极体验，他们很难看到科学与自己未来生活的联系，从而在职业选择上回避科学领域。然而，这并不意味着中、低科学资本阶层的学生无法成为“科学人”。教育和政策制定者可以通过多种方式来缩小这种差距。例如，通过提供更多的科学教育资源和机会，尤其是针对那些资源匮乏的社区和学校，可以激发学生对科学的兴趣。此外，通过提供职业指导和实习机会，可以帮助他们了解科学职业的实际应用和潜在价值，从而改变他们对科学的固有看法。无论是高科学资本阶层还是中、低科学资本阶层的学生，关键在于提供一个公平的教育环境，让每个学生都有机会接触科学、理解科学，并最终选择科学作为自己的职业道路。通过这样的努力，我们能够培养出更多具有科学素养的未来人才，为社会的进步和发展做出贡献。

由于科学资本这一概念在国内提出不久，本研究在研究过程中尚存在不足之处，首先，关于科学资本的操作定义由于缺乏国内历史资料，主要借鉴国外的理论模型；其次，科学资本对科学职业理想的影响仍需收集更多的数据或定性研究资料；再次，数据库的建设与追踪需进一步完善与跟进，从而深入挖掘科学资本对未来职业理想的作用机制；最后，以上是根据我国西部地区样本得出的结论，后期希望将样本继续推广到中部及东部地区，使科学资本在科学职业理想中的作用在更广范围加以验证，为国家培养创新科技人才提供坚实可靠的数据支持。

为了进一步深化对科学资本及其在科学职业理想中的作用的理解，未来的研究应着重于以下几个方面：

首先，构建更为完善的科学资本理论框架。结合我国的实际情况，对科学资本的操作定义进行本土化修正和拓展。这将有助于更准确地衡量和分析科学资本在我国不同地区、不同学科领域中的分布和影响。

其次，加强跨学科的合作研究。通过定量与定性相结合的方法，深入探讨科学资本与科学职业理想之间的内在联系。例如，可以采用案例研究、深度访谈等方法，收集来自不同学科背景、不同职业发展阶段的科研人员的资料，以揭示科学资本在职业发展过程中的具体作用。

再次，加强数据库建设，特别是对科研人员职业生涯的长期追踪。通过建立更为全面的科研人员信息数据库，可以更好地分析科学资本在不同阶段对科学职业理想的影响，以及科学资本如何在职业生涯中发挥作用。

此外，研究样本的扩展也是未来工作的重点。除了西部地区，中部和东部地区的样本收集将有助于全面了解科学资本在我国不同经济发展水平地区的分布和作用差异，这将为制定更为精准的科技人才培养政策提供有力支持。

最后，加强与政府部门、高校、科研机构以及企业的合作，共同推动科学资本的培养和应用。通过政策引导、教育改革、科研环境优化等措施，激发科研人员的创新潜能，提高其科学资本水平，从而为我国科技创新和经济发展提供源源不断的动力。

综上所述，科学资本的研究不仅有助于深化我们对科技创新人才成长规律的理解，而且对于制定科学合理的人才培养策略具有重要的现实意义。

2　科学创造中原型启发效应对新质创新人才培养的启示

科学创造原型启发效应从不同范式角度研究科学创造中顿悟的本质，有助于培养学生的创新能力，从不同视角为创新人才培养提供借鉴。如“问题导向”范式可以为教师提供新的教学方式，教师可以以问题为导向，调动学生的自主学习和思考能力。同时可以结合翻转课堂教学模式，激发学生的创新能力，体现学生学习的主人翁精神。还可以结合多模态脑影像技术，纵向追踪个体创造中大脑结构和功能的动态演变过程，探索个体创造性发展的规律及创造性发展的脑结构，预测个体的创新能力，并有针对性地对大脑可塑性进行训练。[①②③]在探讨科学创造原型启发效应的同时，我们不应忽视跨学科的教育模式，通过将艺术、文学、历史等人文社科知识与科

① Mills K L, Tamnes C K.Methods and considerations for longitudinal structural brain imaging analysis across development [J]. Developmental Cognitive Neuroscience, 2014, 9: 172-190.

② Zabelina D L, Andrews-Hanna J R.Dynamic network interactions supporting internally-oriented cognition[J].Current Opinion in Neurobiology, 2016, 40: 86-93.

③ Chen Q L, Beaty R E, Wei D T, et al.Longitudinal alterations of frontoparietal and frontotemporal networks predict future creative cognitive ability[J]. Cerebral Cortex, 2018, 28(1): 103-115.

学知识相结合，可以激发学生的创新思维。例如，通过艺术创作来表达科学概念，或者通过历史案例分析来理解科学发展的进程，这些方法能够帮助学生从更广阔的视角理解科学问题，从而促进创新思维的形成。此外，团队合作也是培养创新能力的重要途径。通过小组合作项目，学生可以在团队中扮演不同的角色，学习如何沟通、协调和解决冲突，这种合作学习不仅能够提高学生的社交技能，还能让他们学会如何在多元化的团队中发挥自己的创造力。教育者应当重视学生的情感和心理因素对创新能力的影响，通过创造积极的学习环境，鼓励学生勇于尝试和接受失败，可以帮助学生建立自信，减少对创新的恐惧。同时，通过心理辅导和情感支持，帮助学生处理学习压力和挫折，保持积极乐观的心态，这对于学生长期创新能力和学习能力的培养同样重要。

从前期研究可以看出，科学创造原型启发效应对创新人才的培养具有重要的实践意义。从目前对创新人才的需求来看，国家更加注重培养高层次创新型人才，以满足未来社会发展的需要。为了实现这一目标，教育体系必须进行相应的改革和创新，以适应新时代对创新人才的培养要求。首先，教育内容需要更新，将科学创造原型启发效应融入课程体系中。通过引入跨学科的知识和方法，激发学生的创新思维和实践能力。课程设计应注重培养学生的批判性思维、问题解决能力和团队合作精神，使他们能够在复杂多变的环境中应对各种挑战。其次，教育方法需要进行创新。教师应采用启发式、探究式和项目式等教学方法，引导学生主动探索和学习。通过实际操作和实验，学生能够更好地理解科学原理，并在实践中培养创新思维和技能。此外，教育环境的优化也是至关重要的。学校应为学生提供一个开放、自由和包容的学习氛围，鼓励他们敢于尝试和创新。同时，学校还应加强与企业的合作，为学生提供实习和实践的机会，使他们能够将所学知识应用于实际工作中，提高其创新能力和就业竞争力。最后，政策支持和资源投入也是培养高层次创新型人才不可或缺的条件。政府应出台相应的政策，鼓励和支持教育改革和创新。同时，加大对教育的投入，吸引优秀人才投身教育事业，为创新人才培养提供有力的保障。

综上所述，科学创造原型启发效应对创新人才的培养具有重要的实践意义。

2024年1月，习近平总书记在二十届中共中央政治局第十一次集体学习时强调，加快发展新质生产力，扎实推进高质量发展。这也意味着新质创新人才的培养更符合新时代人才培养的要求。

新质生产力提出来后，学者们也做了系列相关研究，提出了很多关于新质生产力的概念及衍生概念。从前人的研究并结合新时代人才发展需求来看，新质创新人才应属新质生产力中最活跃的主体，也是目前新时代创新人才中最应发展的群体。结合新质生产力及创新人才的概念，本研究将新质创新人才定义为：具有创新战略视野、能推动科学技术革命性突破、聚焦核心技术等的战略科学家、创新团队及卓越人才等。培养新质创新人才，需围绕重点技术产业选拔和培养一批青年人才，学习国内外先进技术，充分发挥人才培养的主观能动作用。在高校还可以通过动态调整学科，充分实现跨科融合、产教融合、校地融合等，从而推进新质创新人才的培育。只有充分发挥各自的优势，壮大国家新质创新人才队伍，才能壮大国家后备科学力量。

从科学创造到新质创新人才的培养，要经历较长一段时间的教育。这是因为教育是加快培养新质创新人才的关键，也是发展新质生产力有力的一环。[①]因此，从教育层面来看，本研究对新质创新人才培养的启示主要体现在以下几个方面。

2.1 树立“大教育观”——建设教育强国

21世纪的竞争是人才的竞争，教育在其中起到重要的作用。培养创新型人才是目前国家的战略部署。党的二十大报告中首次将教育、科技、人才放在一起统筹安排，并指出：“教育、科技、人才是全面建设社会主义现代化国家的基础性、战略性支撑。”只有把教育与科技和人才结合起来，才能推动教育高质量发展，促进新质创新人才的培养。从梳理的研究来看，打通三者之间的壁垒，实现三者充分融合，可通过几种方式进行，如明确教育、科技、人才领域各自的需求，以及它们的职能分工，从国家层面制定系列政策文件，推进其协调发展，突出教育在其中的作用。还可以树立“大教育观”，推动教育发挥在人才培养中的作用，如以本研究中的科学创造为例，对接目前的科学教育。

（1）在建设教育强国的过程中，要将教育、科技和人才有机地结合在一起，以推动教育的高质量发展和培养新质创新人才。教育和科技相互渗透、融合发展是建设教育强国的重要手段之一，利用现代科技手段，可以提供更加个性化、优质的教学方法和资源。同时，教育系统需要积极引入科技创新成果，将科技创新与教育教学实践相结合，建设创新型教育模式和科技创新人才培养体系，完善教育与科技、人才相统一的人才培养方案。另外，培养新质创新人才还需要系统性的综合策略，包括：教育内容和教学方法上的完善，注重培养学生的创新思维和实践能力；加强教师队伍建设，提高学

① 姜朝晖，金紫薇．教育赋能新质生产力：理论逻辑与实践路径[J].2024，12(1)：108-117.

校教师的专业素养和创新意识；加强学校与企业、科研机构的合作，为学生提供实践机会和创新发展平台，培养具有应用型创新能力的人才，这也符合应用型本科院校人才培养的理念；建立健全人才评价和选拔机制，鼓励和激励创新人才的成长。

（2）在建设教育强国的过程中，需要多方的合作和政策支持。政府应提供必要的政策支持和资源保障，鼓励企业和社会力量参与到教育创新和人才培养中来；可以制定系列政策，明确教育、科技和人才的职能分工，推进它们的有机融合。例如，可以加强教育和科研机构的合作，建立科研导向的教育模式，引导学生参与科研项目和创新实践。此外，地方政府可根据本地实际情况制定相应的支持政策。例如，地方政府可以设立专项基金，用于支持本地教育和科技创新项目，吸引优秀人才到本地工作和生活。地方政府还可以通过税收优惠、土地使用优惠等措施，鼓励企业投资教育和科技领域，促进产学研一体化发展。在教育体系内部，需要进一步深化教育改革，优化课程设置，强化实践教学环节。学校应与企业、科研机构建立紧密的合作关系，共同开发课程，让学生在学习过程中能够接触到实际问题和最前沿的科技知识。教育部门应鼓励教师进行跨学科研究和教学，打破学科壁垒，促进知识的综合运用。在人才培养方面，除了注重基础教育和专业教育外，还应重视创新思维和综合素质的培养。政府还应鼓励科研机构与企业合作，推动科研成果的转化和应用，促进科技创新与经济发展的紧密结合。此外，政府还应加强对知识产权的保护，激发科研人员的创新热情，为科技创新提供有力的法律保障。

总之，教育、科技和人才的协同发展需要政府、企业和社会各界的共同努力。只有通过多方合作，形成合力，才能在激烈的国际竞争中占据有利地位，实现国家的长远发展。

（3）在建设教育强国过程中，还要重视教育的整体性和战略性，将教育纳入国家发展的总体规划，使其在国家战略中发挥更大的作用。注重教育的社会功能和价值，将教育与社会发展、人民幸福紧密联系起来，为国家的长远发展提供有力支撑。在教育、科技和人才相统一的过程中，教育不仅仅是为了培养人才，更是为了促进社会进步和人民幸福。因此，教育应该与社会发展紧密联系，关注培养学生的社会责任感、公民意识和创新思维，使他们成为有益于社会、有创造力的人才。

教育的普及和提高，是实现社会公平和公正的重要途径。通过教育，每个人都有机会改变自己的命运，实现个人价值。教育不仅为个人提供知识和技能，更为社会培养具有社会责任感和创新精神的公民。教育的均衡发展，有助于缩小城乡、区域、阶层之间的差距，促进社会和谐与稳定。教育应注重培养学生的综合素质，包括道德修养、身心健康、审美情趣等方面。通过全面发展的教育，学生能够更好地适应社会变化，应对未来挑战。教育还应关注学生的个性化需求，因材施教，激发学生的潜能，帮助他们找到自己的兴趣和特长。在科技迅速发展的今天，教育更应与时俱进，不断创新教学方法和手段，利用现代信息技术，推动教育信息化，提高教育质量和效率。同时，教育与文化传承密切相关。通过教育，可以将中华优秀传统文化和革命文化传承下去，弘扬民族精神，增强民族凝聚力。教育还应注重培养学生的国际视野，使他们了解世界，培养他们跨文化交流的能力。教育是一项长期而艰巨的任务，需要全社会的共同努力。

（4）“大教育观”还强调将科学教育作为培养新质创新人才的重要途径之一。科学教育是激发学生创造力、科学思维和探索精神的关键，可以为科技创新人才的培养奠定基础。目前很多学校将科学教育列入学科教育之中，从小培养学生的科学探究精神。为了实现

"大教育观"中科学教育的目标，教育部门应与科研机构、高等院校和企业紧密合作，共同开发适合不同年龄段学生的科学课程和实验项目。通过这种合作，可以确保课程内容与实际科学研究和应用紧密相连，让学生感受到科学知识的实用性和前沿性。教育部门应鼓励教师进行专业发展和继续教育，提升他们的科学素养和教学能力。通过定期举办科学教育培训、研讨会和工作坊，教师可以不断更新自己的知识储备，掌握最新的教学方法和技术，从而更好地激发学生的学习兴趣和创新思维。在教学方法上，应倡导以学生为中心的教学模式，鼓励学生主动参与、动手实践。例如，通过项目式学习、科学竞赛和创新实践活动，学生可以在实际操作中学习科学知识，培养解决问题的能力。同时，学校应建立科学实验室和创新工作室，为学生提供必要的实验设备和材料，使他们能够在安全、专业的环境中进行科学探索。为了扩大科学教育的影响力，还应加强与家庭和社会的互动，鼓励家长参与孩子的科学学习过程，了解科学教育的重要性，并在家中为孩子创造一个有利于科学探索的环境。此外，可以通过社区科学活动、科普展览和公众讲座，将科学知识传播给更广泛的社会群体，提高公众对科学教育的认识和支持。

总之，从新时代对创新人才的需求及新质创新人才的培养来看，树立"大教育观"具有重要意义。只有树立"大教育观"，将教育、科技和人才有机结合起来，才能推动教育的高质量发展，促进新质创新人才的培养，实现教育强国的目标。

2.2 反向设计，构建新质创新人才培养体系

OBE（Outcome based education）教育理念主要是指以成果或能力为导向的教育理念，强调以学生为本，注重学生在教育学习过程中

取得的成果。[①②] OBE 教育理念是指基于学习产出的教育模式，强调以结果为导向对输出的人才进行培养，对“培养什么样的人”具有较好的把握性，也是引领应用型本科院校人才培养质量改革的重要方向之一。OBE 教育理念最初是由美国学者 Spady 等人提出来的，也是目前被教育界普遍认可的、较为完善的教育理念之一。与传统教育模式相比，OBE 教育理念在有效培养学生创新能力上具有明显的优势：一方面，打破了传统教育模式以学科为导向进行专业设置的禁锢，更加关注学生的需求，从学生需求出发进行教学设计、专业设计，从而使教学过程更符合学生内在需求和促进学生能力提升。另一方面，教师在此过程中不再是单纯的知识灌输者，更多的是指导者和引导者。OBE 教育理念强调的是学生的产出，即学生在学校学到了什么，有没有达到预设目标，这种产出与学生内在需求相吻合，因此，OBE 教育理念强调的成果导向也被称为“反向设计”。从某种意义上说，OBE 教育理念更符合创新人才培养标准，只有把握了学生的毕业需求与社会需求，并将其设定为培养目标，由社会需求来定位培养目标和课程体系的设置，才能更好地将学生培养成社会所需的创新型对口人才。本研究中的“问题导向”与这种“反向设计”观念是一致的，从要解决的问题出发，来寻找解决的方案，让学生带着问题出发，充分发挥其主动性。在这一过程中，学生是学习的主角，教师作为引领者，让学生在自主学习中实现创新与突破。

笔者前期基于 OBE 教育理念采用 CIPP 评价模式（包括背景评价、输入评价、过程评价、结果评价）来构建高校教师教育专业人

① 马国勤，刘丹青.OBE 导向的高职教学诊断与改进机制研究[J].职教论坛，2019(6)：56-61.

② 范圣法，黄婕，张先梅，等.基于“产出导向(OBE)”理念的本科教学培养体系探究[J].教育理论与实践，2019(24)：6-8.

才培养质量评价指标体系①，主要涉及的评价主体为学生、教师及具有专业评估背景的专家。首先，采用开放式问卷调查形式对三类评估主体进行调查，旨在收集三类不同主体对评估指标的评判与预设，根据三类主体在问卷上的作答情况，初步制定涉及人才培养质量评价的问卷。其次，问卷编制完成后对教师教育专业学生进行初测，根据学生作答情况进行问卷的进一步修正和完善，凝练出较为规范的评估指标，将指标细化。最后，邀请同行专家进行专家咨询，采用德尔菲法对专家咨询结果进行完善，形成教师教育专业人才培养质量基本评估指标。具体指标为：（1）背景评价，包括对学校背景（对学校环境的认可度、对学校名气的认可度、对学校社会地位的认可度）和专业背景（对教师教育专业的认可度、对教师教育专业基本知识的掌握度、对教师教育专业的社会地位的认同度）的评价。（2）输入评价，包括对人力（具有研究生学历的教师占专任教师的比例、双能型教师占比、生师比）、物力（生均图书、生均教学行政用房、生均教学科研仪器设备）和财力（生均公共教育经费、生均实践经费、生均公用经费）的评价。（3）过程评价，包括对教学计划（教学时间安排的适切性、教学计划实施的适切性、专业教师安排的合理性）、教学过程（精品课程、共享课程、实践课程的占比，实验仪器的使用率，任课教师的专业技能及参与度，学生学习能力的提升度及满意度，教学方法的多样性）的评价。（4）成果评价，包括对毕业论文（设计）［毕业论文（设计）与课程学习的契合度、毕业论文（设计）以学生需求为主、毕业论文（设计）的实用性评价］、能力提升（获得各类奖项的学生占比、学生学习兴趣和能力的提高/成绩的提升、获得各类教学及科研立项或获奖的教师占比）和

①朱海雪，骆玲玲，贾铁.基于PDCA循环理念的教师教育专业教学质量监控体系构建——以滁州学院为例[J].贵州工程应用技术学院学报，2023，41(1)：107-111.

就业（就业率及对口就业率、就业倾向/工资待遇、用人单位满意度）的评价。

构建的指标体系在某校教师教育专业进行了初步应用，从整体结果来看，教师教育专业学生对本专业人才培养质量评价水平不高，这可能是由于很多学生在填报志愿时并未将教师教育专业考虑在内，很多学生都是被调剂到此专业的；另外，很多学生对未来教师职业待遇的憧憬和实际待遇相差较大，也致使他们对本专业评价不高。这也从侧面反映出一些问题：目前教师教育专业人才培养方案尚存在许多欠缺，如与社会需求尚存在差距，学生的情感、态度、价值观等还未成功转变等。这些问题对以后人才培养方案的制定能够起到一定的启示作用，为后期的新质创新人才培养质量评价也提供了参考框架。新质创新人才培养指标体系将创新贯穿于其中，加大了对学生创新创业的培训，让学生培养创新思维，突破难关，加入创新创业队伍中。为了应对这些挑战，教育部门和高校必须紧密合作，重新审视和调整教师教育专业的人才培养方案。

首先，应加强与基础教育和高等教育机构的沟通，了解当前教育行业对教师的具体需求，从而制定更加贴近实际需求的课程体系。课程内容不仅要涵盖传统的教育理论和教学方法，还应涵盖信息技术、心理健康教育、多元文化教育等新兴领域。

其次，高校应重视学生能力的全面发展，特别是对学生批判性思维、问题解决能力和终身学习能力的培养。通过设置跨学科的课程和项目，鼓励学生在学习过程中主动探索、合作与创新。同时，情感、态度、价值观的培养也不容忽视。高校应通过课程教学、社团活动、志愿服务等多种形式，引导学生树立正确的教育观念，培养其对教育事业的热爱和责任感。

最后，高校还应建立和完善学生实习和实践教学体系，为学生提供更多的实践机会。通过与中小学、教育机构的合作，让学生在真实的教育环境中进行教学实践，从而提高其教学技能和职业适应能力。同时，高校应积极搭建创新创业平台，鼓励学生参与科研项目、教育创新竞赛等活动，激发学生的创新潜能。在评价体系方面，新质创新人才培养指标体系应注重过程评价和结果评价相结合，不仅关注学生的学业成绩，还应关注其综合素质和创新能力的提升。通过定期的自我评价、同伴评价和教师评价，帮助学生及时了解自身的优势和不足，从而有针对性地进行改进和提高。

总之，针对新时代教育发展的需求，教师教育专业的人才培养方案必须不断创新和完善。只有这样，才能培养出更多具有创新精神和实践能力的优秀教师，为我国教育事业的发展注入新的活力。

未来在构建和优化新质创新人才培养体系时需要综合考虑教育理念、课程设置、实践机会、师资力量和评价机制等多个方面。

（1）更新教育理念：确立以创新能力和实践技能为核心的教育目标，鼓励学生发展批判性思维、解决问题的能力以及树立终身学习的理念。为了实现这一教育目标，学校应积极调整课程设置，增加跨学科的课程设计，使学生能够接触到更广泛的知识领域。同时，注重培养学生的团队合作精神和沟通能力，使他们在未来的职业生涯中能够更好地适应各种复杂的工作环境。在教学方法上，教师应采用多样化的教学手段，如项目式学习、翻转课堂、案例分析等，激发学生的学习兴趣和主动性。此外，学校应加强与企业的合作，为学生提供实习和实践的机会，使他们能够在真实的工作环境中应用所学知识，积累宝贵的经验。评估体系也应进行相应的改革，不再单纯依赖考试成绩，而是综合评价学生的创新能力、实践技能和综合素质。

（2）创新课程设置：设计跨学科的课程体系，将理论与实践相结合，引入项目式学习、案例分析等教学方法，增强课程的实用性和前瞻性。通过设置辩论、研讨和模拟实验等互动环节，激发学生的主动思考和参与意识。同时，课程内容应紧跟时代发展的步伐，定期更新和优化，以确保学生能够掌握最新的知识和技能。此外，跨学科课程体系还应鼓励学生进行跨领域的学习和研究。通过设置跨学科的选修课程和研究项目，学生可以在不同学科之间建立联系，拓展知识视野。例如，结合计算机科学与生物学课程，让学生了解生物信息学在基因研究中的应用；或者结合经济学与环境科学课程，探讨可持续发展在经济决策中的重要性。为了提高学生的实践能力，学校还应与企业、研究机构和政府部门建立紧密的合作关系。利用实习、实训和参与真实项目的机会，学生可以将课堂上学到的理论知识应用到实际工作中，积累宝贵的工作经验。同时，这种合作也有助于学校及时了解行业需求，调整课程设置，更好地为社会培养高素质的人才。

（3）丰富实践机会：为学生提供充足的实验、实习、创业等实践机会，鼓励学生参与科研项目、企业合作、国际交流等活动。为了进一步提升学生的综合素质和实践能力，高校应积极构建多元化的实践平台，使学生在学习过程中能够充分接触实际问题，培养学生解决实际问题的能力。首先，高校可以与企业、科研机构建立紧密的合作关系，共同开发实践课程和项目，让学生在真实的工作环境中进行学习和锻炼。通过这种方式，学生不仅能了解行业前沿动态，还能积累宝贵的工作经验。其次，高校应鼓励学生自主创业，为学生提供必要的指导和资源支持。通过设立创业孵化基地、开展创业竞赛等活动，激发学生的创新精神和创业热情。同时，高校还可以邀请成功的企业家和创业者来校作讲座和交流，分享他们的经验和心得，帮助学生更好地规划自己的职业生涯。此外，国际交流也是培养学生综合素质的重要途径。高校应积极拓展国际交流项目，如学生交换、海外实习、国际志愿者服务等，让学生有机会走出国门，体验不同的文化和教育环境。通过这些活动，学生不仅能锻炼自己的语言能力，还能培养跨文化沟通和团队合作能力。最后，高校还应重视实践教学评价，建立科学的考核机制，确保实践教学的质量。通过过程评价和结果评价相结合的方式，全面考查学生在实践过程中的表现和成果，激励学生积极参与实践活动，不断提高实践能力。

（4）强化师资力量：聘请具有丰富实践经验的行业专家和学者作为教师，同时为教师提供持续的专业发展和培训机会。此外，学校还需注重与企业的紧密合作，定期邀请业界精英来校作讲座和研讨，使课程内容紧跟行业发展潮流。通过这种校企合作模式，教师不仅能接触到最前沿的技术和管理理念，还能在学习过程中积累宝贵的行业人脉资源。为了进一步提升教学质量，学校还可以通过学生评教、同行评议以及第三方评估等多种方式，全面了解教师的教学效果和学生的学习体验。评估结果将作为教师绩效考核的重要依据，激励教师不断提高教学水平。

（5）改革评价机制：建立多元化的评价体系，不仅要评价学生的知识掌握程度，还要评价其创新思维、团队协作、项目管理等综合能力。为了实现这一目标，学校可以采取多种措施，从课程设置到考核方式，进行全面的改革。首先，在课程设置上，学校可以增加跨学科的课程，鼓励学生在不同领域进行探索，让学生在实际项目中运用所学知识，培养解决问题的能力。还可以引入“团队合作与沟通”课程，通过小组讨论、角色扮演等方式，提高学生的团队协作能力。其次，在考核方式上，传统的笔试和闭卷考试已不能满足多元评价的需求。学校可以采用项目作业、口头报告、团队展示等多种形式，全面评估学生的综合能力。例如，学生可以分组完成一个实际项目，从项目策划、执行到总结，对每个环节都进行评分。这样不仅能考查学生的知识掌握程度，还能评价他们的创新思维、团队协作和项目管理能力。此外，学校还可以引入第三方评价机制，邀请企业、社会组织等外部机构参与学生的评价过程。这些机构可以提供实际工作中的案例，让学生在真实环境中进行模拟演练，从而更好地评估他们的综合能力。同时，第三方评价还能为学生提供更多的就业机会和实习机会，实现教育与社会需求的无缝对接。最后，学校应建立一个完善的反馈机制，让学生及时了解自己的优点和不足。教师可以通过召开定期的反馈会议，与学生进行面对面的交流，帮助他们制订改进计划。此外，还可以利用信息技术手段，建立在线评价系统，方便学生随时查看自己的评价结果和改进方向。通过这些措施，学校可以逐步建立起一个多元化的评价体系，全面评价学生的知识掌握程度和综合能力。这不仅有助于提高学生的综合素质，还能为社会培养出更多具有创新精神和团队协作能力的人才。

（6）拓宽国际视野：鼓励学生参与国际交流项目，拓宽国际视野，了解全球创新趋势。为了实现这一目标，学校可以采取多种措施，为学生提供丰富的国际交流机会。首先，学校可以与国外知名大学和研究机构建立合作关系，开展联合培养项目。通过这些项目，学生可以在国外学习一段时间，亲身体验不同的教育体系和文化背景，从而获得更全面的知识结构和思维方式。其次，学校可以设立国际交流基金，为有志于参与国际交流的学生提供经济支持。这些基金可以用于支付留学费用、参加国际会议的差旅费等，确保经济条件不会成为学生参与国际交流的障碍。此外，学校还可以邀请国际知名学者和专家来校进行学术交流，让学生有机会直接与世界级的创新人才进行面对面的沟通。通过这些活动，学生不仅能了解最新的科研成果，还能从中汲取灵感，激发自己的创新潜能。学校还可以开设跨文化沟通课程，帮助学生掌握在国际环境中有效沟通的技巧，这些课程可以包括语言培训、国际礼仪、跨文化团队合作等方面的内容，使学生在未来的国际舞台上更加游刃有余。最后，学校可以鼓励学生参加各类国际竞赛和创新项目，这样学生不仅能展示自己的才华，还能在激烈的竞争中锻炼自己的应变能力和团队协作精神。总之，通过多方位、多层次的国际交流项目，学生将有机会拓宽国际视野，了解全球创新趋势，这不仅有助于学生个人的全面发展，也将为国家的科技进步和社会发展做出重要贡献。

2.3 建立科学的新质创新人才质量评估机制

建立科学的新质创新人才质量评估机制，对人力资本发展进行评估，可以有效把握我国人力资本的总体状况及其在不同地区、群体间的分布与特点。为了实现这一目标，首先需要构建一个全面而细致的评估指标体系，该体系应涵盖多个维度，包括但不限于教育背景、专业技能、创新能力、实践经验以及持续学习能力等。通过这些指标，可以全面衡量人才的综合素质和潜在价值。其次，评估指标体系的建立应依托大数据和人工智能技术，以确保评估过程的客观性和准确性。收集和分析大量人才数据，可以揭示人才发展的规律和趋势，为政策制定和人才培养提供科学依据。此外，评估指标体系应具有动态性和适应性，能够随着社会经济的发展和市场需求的变化而不断调整和完善。这要求评估指标体系在设计之初就应具备灵活性，能够吸纳新的评估指标和方法，以适应不断变化的外部环境。在具体实施过程中，政府、企业、高校和研究机构应协同合作，共同推进评估指标体系的建立和应用。政府可以出台相关政策，引导和激励各方参与；企业可以提供实际需求和反馈，促使评估指标体系更好地服务于人才培养和选拔；高校和研究机构可以发挥其专业优势，为评估指标体系的构建与优化提供理论支持和技术保障。建立科学的新质创新人才质量评估指标体系，不仅能够更好地了解和把握我国人力资本的现状，还能够为培养更多具有创新精神和实践能力的人才提供有力支持。

目前，国内有关新质创新人才质量评估的研究，一方面多是基于国家层面①②和地区层面③④，尚无基于个体层面的相关研究；另一方面通常使用受教育程度（如识字率、平均受教育年限等）等局部指标来评估新质创新人才，忽视了非认知能力、健康等要素。因此，建议基于新人力资本理论构建个体层面的新质创新人才质量评估指标体系及其发展指数，一方面为我国建立新质创新人才的面板数据库奠定基础，另一方面有助于对新质创新人才进行跨时间的纵向比较和跨空间的横向比较。也可以估算我国总体新质创新人才、不同地区新质创新人才等的分布状况和发展动态。目前，培养新质创新人才已经成为发展中国家的重要战略选择。

新质创新人才的培养从学校层面来讲，主要在于对课堂教学质量的把控，因此，把握教学质量，是培养新质创新人才的重要因素之一，这也意味着教学质量监控很重要。在前期研究中，笔者基于PDCA循环理论，从计划（Plan）、实施（Do）、检查（Check）、整改（Action）四个方面初步构建了一套人才质量教学监控体系，对加强教学质量监控、提高人才培养质量具有一定的意义，以期对新质创新人才的培养具有一定的借鉴作用。其中，计划阶段主要是制定学校教学目标；实施阶段主要是按计划将任务进行分工，实施质量监

① 王德劲，向蓉美．我国人力资本存量估算[J]．统计与决策，2006(10)：100-102.

② 李海峥，梁赟玲，Barbara Fraumeni，等．中国人力资本测度与指数构建[J]．经济研究，2010，45(8)：42-54.

③ 朱平芳，徐大丰．中国城市人力资本的估算[J]．经济研究，2007，42(9)：84-95.

④ 李萌，张佑林，张国平．中国人力资本区际分布差异实证研究[J]．教育与经济，2007(1)：12-17.

控；检查阶段主要为检查反馈，检查实施阶段的实施效果和达成度；处理阶段主要为整改，对检查阶段呈现的问题进行整改，建立有效的持续改进机制。具体做法如下：

2.3.1 计划阶段

制定学校教学目标是教学质量监控体系中的关键部分①，一个好的教学目标顶层设计是保障教学质量监控体系成功运行的核心组件。教学目标是动态发展的，会随着时代发展、学校变革、社会需求而变化，因此，在计划阶段，应首先分析现有的教学目标运行现状，并根据发展变化实时调整培养目标，修订人才培养方案。以滁州学院学前教育专业为例，学前教育专业以培养学前教育教师为主，对学生的实践性要求较多，这就要求在教学目标的制定上要体现出实践课程的重要性，结合OBE教育理念，制定适合学前教育专业的人才培养方案。在制定的过程中，通过实践调研、座谈等多种方式了解专业人才需求最新动态，精准定位学前教育专业培养目标，结合新时代人才培养要求，致力于培养德智体美劳全面发展的创新人才。制定完目标，要对目标有一定的评判，这就需要配套制定科学、可行的教学质量管理规章制度，作为质量监控标准。

2.3.2 实施阶段

此阶段为具体目标实施阶段，主要对计划阶段中的人才培养方案及教学过程等进行质量监控。首先，人才培养方案是各个二级学院教育质量的重要组成部分，在目标实施阶段应首先对人才培养方案目标进行质量监控，查看各单位及教师对人才培养方案的熟悉度及培养目标设置的合理度等，如培养目标与就业单位职业需求之间的匹配情况。其次，对教学过程实施监控，涵盖教学计划的制订、

① 秦晓.构建校企合作人才培养模式下基于PDCA循环的教学质量监控保障体系[J].课程教育研究,2014(31):231-232.

课堂教学过程的监督、课堂管理、实验实训、实习见习等环节，做到教学全过程动态监控。督导组成员与教学管理领导应定期走进课堂、深入调研、开展座谈，全面了解教学过程，并及时处理教学过程中的突发事件。最后，对考核评价进行质量监控，可以通过课程考核、课程目标达成度、就业率、用人单位或社会评价等来进行，通过质量监控找出存在的不足并加以改进，其目的在于使培养的人才能够与新时代接轨，能够符合OBE教育理念。

2.3.3 检查阶段

检查阶段主要针对目标实施阶段而设置，用以对比培养目标，反馈教学的实际效果。检查应充分利用内外监控相结合的方式，找到教学实施中真正存在的问题，并加以反馈整改。内部教学质量监控主要由校院督导组及教学管理人员来完成，对教学质量全过程进行检查，看是否完成了目标任务。在此过程中应充分发挥信息化作用，充分利用现代信息化手段进行信息采集，实现数据采集的全覆盖性、高效率性。除了内部教学质量监控以外，还需要借助外部监督进行检查反馈，如专业认证与评估、用人单位评价等。在专业认证质量报告撰写的过程中，可以通过调研、座谈等多种方式找出目前专业存在的问题，从而不断改进人才培养方案，以就业为导向，切实推进专业改革。通过建立毕业生质量跟踪评价系统，结合用人单位对毕业生质量的评价，形成分析报告，发现人才培养存在的问题，并加以改进，以全面提升人才培养质量。

2.3.4 整改阶段

整改阶段也是教学质量监控的最终目的，主要针对前面检查阶段反馈的问题进行整改，并提出切实可行的整改方案，不让整改流于形式。如，督导组在对课堂教学进行随机检查时，应对表现良好的教师进行表扬，对表现较差的教师进行通报，并写入督导记录上报学院，由学院研究提出进一步的整改措施。学院根据检查反馈信息找到普遍存在的问题和个别存在的问题，有针对性地提出整改方案，并落实到各个部门及个人。教学质量处于动态发展中，因此，整改也应是动态的，让整个教学质量监控处于动态运行过程中。整改阶段虽然是教学质量监控的最终环节，但并不代表结束，在整改过程中发现的新问题依然可以作为新的教学质量监控目标，只有通过不断的良性循环才能从真正意义上加强教学质量监控。

新时代对创新人才培养提出了新要求，这也意味着传统的教学质量监控理念已经无法满足新时代创新人才培养的需要。PDCA循环理念正是在不断变化发展过程中，通过持续改进的方式，使教学质量监控始终处于良性循环中。因此，在PDCA循环理念指导下构建的教学质量监控体系是一种行之有效的教学质量监控手段，可以作为教学质量提升的途径之一。

实施新质创新人才发展评估，可以为我国加快实现从“人力资源大国”迈向“人力资源强国”提供决策依据。目前，新质创新人才对经济增长和社会发展的作用已成为共识，其在缩小地区差距、促进经济均衡发展等方面的重要性也日益凸显。因此，教育部门应发挥其职能，建立科学的新质创新人才监测评估机制，科学、直观地监测新质创新人才，分析影响新质创新人才培养的桎梏，找到新质创新人才培养的有效途径。

前期研究主要在教育教学方面对新质创新人才培养进行了初步探索，尚存在诸多要解决的问题。未来建立科学的新质创新人才质量评估机制还需要考虑以下几个方面：

第一，明确评估目标和标准。根据新质创新人才的特点，制定一套全面、客观的评估标准，包括但不限于创新能力、学习能力、团队协作能力、领导力等。在明确评估目标和标准的基础上，进一步细化评估流程和方法。首先，建立多元化的评估指标体系，结合定量和定性分析，确保评估结果的科学性和准确性。定量分析可以通过数据和指标来衡量，如专利申请数量、学术论文发表情况、项目完成情况等。定性分析则需要通过专家评审、同行评议等方式，评估新质创新人才的思维深度、创新思维和问题解决能力。其次，引入第三方评估机构，确保评估过程的公正性和透明度。第三方评估机构可以提供独立的视角，避免主观偏见影响评估结果。同时，建立评估结果的反馈机制，及时向被评估者反馈评估结果和改进建议，帮助他们更好地认识自己的优势和不足，制订针对性的提升计划。此外，评估标准应具有一定的灵活性，以适应不同领域和层次的新质创新人才。不同行业和领域的特点和需求不同，评估标准应根据实际情况进行调整。例如，在科技领域，评估标准可以更注重技术突破和应用前景；在文化艺术领域，可以更注重创意和艺术表现力。最后，建立持续跟踪评估机制，关注新质创新人才的成长和发展。通过定期评估，了解新质创新人才在不同阶段的表现和进步，及时调整培养策略和支持措施。同时，通过长期跟踪评估，可以发现具有潜力的新质创新人才，为他们提供更多的发展机会和资源支持。综上所述，制定全面、客观的评估标准和流程，结合多元化的评估方法和持续跟踪机制，有助于科学地识别和培养新质创新人才，为社会创新和发展提供有力的人才支持。

第二，构建多元化的评估体系。结合定量和定性分析，采用多种评估方法，如同行评审、360度反馈、项目成果评估等，确保评估结果的全面性和准确性。在评估过程中，还要注重数据的收集和分析。通过收集项目过程中的关键绩效指标，如项目进度、成本、质量等，我们能够定量地衡量项目的实际表现。此外，我们还采用定性分析方法，如访谈和问卷调查法，以了解项目团队成员和利益相关者的感受和意见。为了进一步提高评估的客观性和公正性，我们引入了第三方评估机构。这些机构独立于项目团队和管理层之外，能够提供更为中立的评估结果。同时，还要鼓励项目团队成员进行自我评估，以增强他们的自我反思能力和责任感。在评估过程中，要注重反馈的及时性和建设性。通过定期的项目评审会议，我们能够及时发现项目中的问题并采取相应的改进措施。此外，我们还建立了项目知识库，将评估过程中收集到的经验教训和最佳实践进行整理和分享，以供未来项目参考。最终，将评估结果与项目目标进行对比，分析项目在不同阶段的表现。通过这种方式，我们能够识别项目成功的关键因素，总结经验教训，并为未来的项目管理提供有价值的参考。通过持续改进评估方法和流程，我们可以确保评估工作的高效性和有效性，从而不断提升项目管理水平。

第三，注重过程评估与结果评估相结合。除了关注新质创新人才的最终成果，也要重视其在创新过程中的表现和进步，鼓励持续学习和改进。在新质创新人才培养过程中，评估机制的完善是至关重要的。通过过程评估，我们可以了解新质创新人才在解决问题、团队合作、时间管理等方面的能力，从而为他们提供更有针对性的指导和支持。结果评估则关注新质创新人才的最终成果，如专利申请、科研论文发表、技术转化等。结果评估有助于衡量新质创新人才的创新能力和实际贡献，为新质创新人才的选拔和激励提供依据。然而，单纯依赖结果评估容易导致新质创新人才过于注重短期成果，忽视长期积累和持续学习的重要性。因此，将过程评估与结果评估相结合，可以更全面地评价新质创新人才的综合素质和创新能力。通过这种综合评估机制，新质创新人才可以在创新过程中不断反思和改进，逐步提高自己的创新能力和综合素质。同时，这种评估机制也有助于培养新质创新人才的创新精神和持续学习的习惯，为他们未来的发展奠定坚实的基础。

第四，建立动态跟踪机制。随着创新环境和人才自身能力的变化，定期更新评估标准和方法，确保评估机制的时效性和适应性。首先，建立跨部门协作平台，整合各方资源和信息，确保评估标准和方法的全面性和一致性。通过定期召开协调会议，及时发现并合力解决评估过程中出现的问题，提高评估效率。其次，引入大数据和人工智能技术，对创新环境和人才能力进行实时监测和分析。通过建立数据模型，预测未来趋势，为评估标准和方法的调整提供科学依据。同时，利用人工智能技术，实现评估过程的自动化和智能化，减轻人力资源负担，提高评估的准确性和客观性。再次，加强与国内外先进机构的合作与交流，借鉴其成功经验，不断完善我们的评估机制。通过定期举办研讨会和培训活动，提升评估人员的专业素养和技能，确保评估工作的高质量和高水平。最后，建立反馈机制，鼓励新质创新人才和相关利益方积极参与评估过程，提出宝贵意见和建议。通过收集和分析反馈信息，及时调整评估标准和方法，确保评估机制的公正性和透明度。

第五，强化反馈和激励机制。将评估结果与人才发展计划相结合，为新质创新人才提供个性化的成长路径和激励措施。为了进一步激发新质创新人才的潜力，我们需要建立一个全面的绩效管理体系，该体系不仅关注短期成果，更注重长期发展和创新能力的提升。通过定期的绩效评估，可以及时发现新质创新人才的优势和不足，为其提供有针对性的培训和发展机会。首先，建立一套多元化的绩效评估指标体系。除了传统的业绩指标外，还应包括创新能力、团队合作、领导力等软实力指标。通过全方位的评估，我们可以更准确地了解新质创新人才的综合实力和发展潜力。其次，实施动态的绩效跟踪和反馈机制。鼓励新质创新人才主动提出自己的发展需求和建议，形成双向互动的沟通机制。再次，建立差异化的激励措施。根据新质创新人才的不同发展阶段和需求，提供多样化的激励方案。对于初入职场的新质创新人才，可以提供更多的学习和培训机会，帮助他们快速成长；对于具有一定经验的新质创新人才，则可以提供更多的项目实践机会和创新平台，激发他们的创新潜能；对于高层次的新质创新人才，则可以提供更高的薪酬待遇、股权激励等长期激励措施，留住核心人才。最后，加强企业文化建设，营造一个鼓励创新、包容失败的氛围。通过举办各类创新竞赛、分享会等活动，激发新质创新人才的创新热情。同时，对创新成果给予充分的肯定和奖励，树立创新典型，形成示范效应。

2.4 小结

培养新质创新人才在新时代具有至关重要的意义。首先，随着科技的快速发展和全球化的不断深入，创新已成为推动社会进步和经济发展的核心动力。新质创新人才能够适应这一变化，他们具备跨学科知识、创新思维和解决复杂问题的能力，能够引领科技前沿，推动产业升级和经济结构的优化。

其次，新质创新人才的培养有助于增强国家的国际竞争力。在全球化的竞争中，拥有创新能力和创新成果的国家往往能够占据有利地位。通过培养具有国际视野和本土实践能力的新质创新人才，可以为国家在科技、经济、文化等多方面的发展提供坚实的人才支持。

再次，新质创新人才的培养对于应对新时代的挑战至关重要。面对资源环境约束、人口老龄化、公共卫生安全等全球性问题，需要新质创新人才提出新的解决方案，推动可持续发展。

最后，培养新质创新人才有助于激发社会的创新活力和创造力。

新质创新人才能够带动周围人的创新意识，形成良好的创新文化氛围，促进社会整体创新能力的提升。

综上所述，培养新质创新人才是新时代发展的必然要求，对于国家的长远发展和人类社会的进步具有深远的影响。

参考文献

著作类:

[1]埃里克·哈努谢克,卢德格尔·沃斯曼因.国家的知识资本:教育和经济增长[M].银温泉,等译.北京:中信出版社,2017.

[2]迈克尔·吉本斯,等.知识生产的新模式:当代社会科学与研究的动力学[M].陈洪捷,沈文钦,等译.北京:北京大学出版社,2011.

[3]彭聃龄.普通心理学[M].北京:北京师范大学出版社,2004.

[4]温忠麟.心理与教育统计[M].广州:广东高等教育出版社,2006.

[5]杨治良,郭力平,王沛等.记忆心理学[M].2版.上海:华东师范大学出版社,1999.

[6]张庆林,STERNBERG R J.创造性研究手册[M].成都:四川教育出版社,2002.

[7]BADDELEY A D.Working memory[M].Oxford:Clarerodon Press,1986.

[8]BADDELEY A D,LOGIE R.Models of working memory:mechanisms of active maintenance and executive control[M].Cambridge:Cambridge University Press,1999.

[9] BOURDIEU P, et al. The inheritors: french students and their relation to culture[M].Chicago: The University of Chicago Press, 1979.

[10] DE BONO E. Lateral thinking: creativity step by step[M]. New York: Harper Perennial Press, 1973.

[11] FINKE R A, WARD T B, SMITH S M.Creative cognition: theory, research, and applications[M].Cambridge: MIT Press, 1992.

[12] INDEFREY P, CUTLER A.Pre-lexical and lexical processing in listening[M].Cambridge: MIT Press, 2004.

[13] MAYER R E. The search of insight: grappling with Gestalt psychology's unanswered questions[M].Cambridge: MIT press, 1995.

[14] SMITH S M. Getting into and out of mental ruts: a theory of fixation, incubation, and insight[M].Cambridge: MIT Press, 1995.

[15] SPADY W G.Outcome-based education: critical issues and answers [M].Arlington: American Association School of Administrators, 1994.

[16] STERNBERG R J, AMABILE T M, LUBART T I, et al.Handbook of creativity[M].New York: Cambridge University Press, 1999.

[17] TAPSCOTT D.The digital economy: promise and peril in the age of networked intelligence[M].New York: McGraw Hill, 1996.

期刊类：

[1]曹贵康，杨东，张庆林．顿悟问题解决的原型事件激活：自动还是控制[J]．心理科学，2006，29(5)：1123-11271.

[2]陈丽，张庆林，严霞，等．汉语字谜原型激活中的情绪促进效应[J]．心理学报，2008，40(2)：127-135.

[3]董泽芳，赵玉莲．从布尔迪厄文化再生产理论看社会分层与高

等教育公平[J].现代大学教育,2015(6):1-6.

[4]何金茶,查子秀,谢光庭.10岁儿童创造性特点分析[J].心理发展与教育,1998(1):18-32.

[5]黄福荣,和美,罗劲.组块破解形态顿悟的脑认知机理[J].科学通报,2017,62(31):3594-3604.

[6]李寿欣,宋广文.关于高中生认知方式的测验研究[J].心理学报,1994(4):378-384.

[7]李文福,龚正霞,邱江,等.午睡剥夺对科学发明问题解决中的原型启发效应的影响[J].心理发展与教育,2015,31(2):165-170.

[8]李文福,童丹丹,邱江,等.科学发明问题解决的脑机制再探[J].心理学报,2016,48(4):331-342.

[9]李亚丹,马文娟,罗俊龙,等.竞争与情绪对顿悟的原型启发效应的影响[J].心理学报,2012,44(1):1-13.

[10]刘春雷,王敏,张庆林.创造性思维的脑机制[J].心理科学进展,2009,17(1):106-111.

[11]罗劲,张秀玲.从困境到超越:顿悟的脑机制研究[J].心理科学进展,2006,14(4):484-489.

[12]罗蓉,胡竹菁.相似性、相似性组合及元认知监控对问题类比推理的影响研究[J].心理与行为研究,2010,8(4):246-251.

[13]罗晓璐,林崇德.大学生心理健康、创造性人格与创造力关系的模型建构[J].心理科学,2006(5):1031-1034.

[14]聂衍刚,郑雪.儿童青少年的创造性人格发展特点的研究[J].心理科学,2005,28(2):356-361.

[15]邱江,罗跃嘉,吴真真,等.再探猜谜作业中"顿悟"的ERP效应[J].心理学报,2006,38(4):507-514.

[16]任国防,邱江,曹贵康,等.顿悟:是进程监控还是表征转换

[J].心理科学,2007,30(5):1265-1268.

[17]沈汪兵,刘昌,陈晶晶.创造力的脑结构与脑功能基础[J].心理科学进展,2010,18(9):1420-1429.

[18]沈汪兵,罗劲,刘昌,等.顿悟脑的10年:人类顿悟脑机制研究进展[J].科学通报,2012,57(21):1948-1963.

[19]沈汪兵,袁媛,赵源,等.顿悟体验的特性、结构和功能基础[J].心理科学,2017,40(2):347-352.

[20]田燕,罗俊龙,李文福,等.原型表征对创造性问题解决过程中的启发效应的影响[J].心理学报,2011,43(6):619-628.

[21]童丹丹,代天恩,李文福,等.科学发明情境中问题提出的fMRI研究[J].心理学报,2013,45(7):740-751.

[22]童丹丹,杨文静,李亚丹,等.发明问题解决中的蔡格尼克效应[J].科学通报,2015,60(36):3583-3593.

[23]王立永,李小平,张金秀.大学生创造性倾向特点的研究[J].高校保健医学研究与实践,2006,3(3):14-17.

[24]吴真真,邱江,张庆林.顿悟的原型启发效应机制探索[J].心理发展与教育,2008(1):31-35.

[25]杨文静,靳玉乐,邱江,等.问题先导下语义相似性和原型难度对原型启发的影响[J].心理学报,2018,50(3):260-269.

[26]张丽华,胡领红,白学军.创造性思维与分心抑制能力关系的汉字负启动效应实验研究[J].心理科学,2008,31(3):638-641,613.

[27]翟俊卿,祝怀新.我国中学生科学职业理想的调查与分析[J].科普研究,2015(1):42-48.

[28]张庆林.顿悟心理机制的实验分析[J].心理学杂志,1989,4(2):23-28.

[29]张庆林.人类思维心理机制的新探索[J].西南师范大学学报

（人文社会科学版），2000，26（6）：112 - 117.

［30］张庆林，邱江．顿悟与源事件中启发信息的激活［J］．心理科学，2005，28（1）：6–9.

［31］张庆林，邱江，曹贵康．顿悟认知机制的研究述评与理论构想［J］．心理科学，2004，27（6）：1435–1437.

［32］张庆林，田燕，邱江．顿悟中原型激活的大脑自动响应机制：灵感机制初探［J］．西南大学学报（自然科学版），2012，34（9）：1–10.

［33］张庆林，朱海雪，邱江，等．顿悟的原型启发机制的研究［J］．宁波大学学报（教育科学版），2011，33（1）：45–49.

［34］赵燕梅，张庆林．顿悟中原型冗余信息对原型激活的干扰作用［J］．心理学探新，2013，33（4）：337–343.

［35］郑昊敏，温忠麟，吴艳．心理学常用效应量的选用与分析［J］．心理科学进展，2011，19（12）：1868–1878.

［36］周泓，张庆林．创造性的生理基础研究［J］．西南师范大学学报（人文社会科学版），2002，28（1）：33–37.

［37］朱丹，罗俊龙，朱海雪，等．科学发明创造思维过程中的原型启发效应［J］．西南大学学报（社会科学版），2011，37（5）：144–149.

［38］朱国华．文化再生产与社会再生产：图绘布迪厄教育社会学［J］．华东师范大学学报（哲学社会科学版），2015，47（5）：173–189，224.

［39］朱海雪，杨春娟，李文福，等．问题解决中顿悟的原型位置效应的fMRI研究［J］．心理学报，2012，44（8）：1025–1037.

［40］朱海雪，罗俊龙，杨春娟，等．发明创造问题解决中的原型位置效应［J］．心理科学，2012，35（1）：70–75.

［41］朱海雪，张庆林．创造性倾向对科学问题解决中原型位置效应的影响［J］．心理与行为研究，2014，12（5）：616–620.

[42]朱海雪,张庆林.科学发明问题解决中大脑自动响应机制再探[J].心理科学,2018,41(6):1333-1338.

[43]朱海雪,朱承亮,张庆林.不同范式下科学发明问题解决的原型启发机制[J].心理科学,2020,43(4):815-820.

[44] ABUTALEBI J, DELLA ROSA P A, GREEN D W, et al. Bilingualism tunes the anterior cingulate cortex for conflict monitoring[J]. Cerebral Cortex,2012,22(9):2076-2086.

[45] ABUTALEBI J, DELLA ROSA P A, DING G S, et al. Language proficiency modulates the engagement of cognitive control areas in multilinguals[J]. Cortex,2013,49(3):905-911.

[46] AMUNTS K, WEISS P H, MOHLBERG H, et al. Analysis of neural mechanisms underlying verbal fluency in cytoarchitectonically defined stereotaxic space—the roles of Brodmann areas 44 and 45[J]. Neuroimage,2004,22(1):42-56.

[47] ANDERSSON M, YSTAD M, LUNDERVOLD A, et al. Correlations between measures of executive attention and cortical thickness of left posterior middle frontal gyrus-a dichotic listening study[J]. Behavioral & Brain Functions,2009,5(1):41.

[48] ARCHER L, DEWITT J, OSBORNE J, et al. Science aspirations, capital, and family habitus: how families shape children's engagement and identification with science[J]. American Educational Research Journal, 2012,49(5):881-908.

[49] ARCHER L, DAWSON E, DEWITT J, et al. "Science capital": a conceptual, methodological, and empirical argument for extending bourdieusian notions of capital beyond the arts[J]. Journal of Research in Science Teaching, 2015,52(7):922-948.

[50] BADRE D, POLDRACK R A, PARÉ-BLAGOEV E J, et al. Dissociable controlled retrieval and generalized selection mechanisms in ventrolateral prefrontal cortex[J].Neuron,2005,47(6):907-918.

[51] BALDO J V, WILKINS D P, OGAR J, et al. Role of the precentral gyrus of the insula in complex articulation[J].Cortex, 2001, 47(7):800-807.

[52] BANDURA A, BARBARANELLI C, CAPRARA G V, et al.Self-efficacy beliefs as shapers of children's aspirations and career trajectories [J].Child Development,2001,72(1):187-206.

[53] BARONE C. Cultural capital, ambition and the explanation of inequalities in learning outcomes: a comparative analysis [J]. Sociology, 2006,40(6):1039-1058.

[54]BEATY R E, NUSBAUM E C, SILVIA P J.Does insight problem solving predict real-world creativity?[J]Psychology of Aesthetics, Creativity, and the Arts,2014,8(3):287-292.

[55]BECHTEREVA N P, KOROTKOV A D, PAKHOMOV S V, et al. PET Study of brain maintenance of verbal creative activity[J].International Journal of Psychophysiology,2004,53(1):11-20.

[56]BERGSTROM C M, PUGH K J, PHILLIPS M M, et al.Effects of problem-based learning on recognition learning and transfer accounting for GPA and goalorientation[J].The Journal of Experimental Education, 2016, 84(4):764-786.

[57] BOWDEN E M, JUNG-BEEMAN M. Aha! Insight experience correlates with solution activation in the right hemisphere[J].Psychonomic bulletin & review,2003,10(3):730-737.

[58] BOWDEN E M, JUNG-BEEMAN M, FLECK J, et al. New

approaches to demystifying insight[J].Trends in CognitiveSciences, 2005, 9(7): 322-328.

[59] BUCKNER R L, ANDREWS-HANNA J R, SCHACTER D L.The brain's default network: anatomy, function, and relevance to disease [J]. Annals of the New York Academy of Sciences, 2008, 1124(1): 1-38.

[60] CABEZA R, NYBERG L. Imaging cognition Ⅱ: an empirical review of 275 pet and fmri studies[J]. Journal of Cognitive Neuroscience, 2000, 12(1): 1-47.

[61] CAPLAN D, HILDEBRANT N, MAKRIS N.Location of lesions in stroke patients with de fi cits in syntactic processing in sentence comprehension[J].Brain, 1996, 119(3): 933-949.

[62] CARLSSON I, WENDT P, RISBERG J. On the neurobiology of creativity: Differences in frontal lobe activity between high and low creative subjects[J].Neuropsychologia, 2000, 38(6): 873-885.

[63] CARIN W, ELIZABETH J, TILO K. Heterogeneity of the left temporal lobe in semantic representation and control: priming multiple versus single meanings of ambiguous words[J]. Cerebral Cortex, 2011, 21(4): 831-844.

[64] CASEY M B. Gender, sex, and cognition: considering the interrelationship between biological and environmental factors[J]. Learning & Individual Differences, 1996, 8(1): 39-53.

[65] CHEN Q L, BEATY R E, WEI D T, et al.Longitudinal alterations of frontoparietal and frontotemporal networks predict future creative cognitive ability[J]. Cerebral Cortex, 2018, 28(1): 103-115.

[66] CHRONICLE E P, ORMEROD T C, MACGREGOR J N. What makes an insight problem? Theory of heuristics, goal conception, and

solution recoding in knowledge-lean problems [J]. Journal of Experimental Psychology: Learning, Memory, and Cognition, 2004, 30(1): 14-27.

[67] CHOU T L, BOOTH J R, BITAN T, et al. Developmental and skill effects on the neural correlates of semantic processing to visually presented words[J]. Human Brain Mapping, 2006, 27(11): 915-924.

[68] COHEN L, MARTINAUD O, LEMER C, et al. Visual word recognition in the left and right hemispheres: anatomical and functional correlates of peripheral alexias[J]. Cerebral Cortex, 2003, 13: 1313-1333.

[69] CRINION J, TURNER R, GROGAN A, et al. Language control in the bilingual brain[J]. Science, 2006, 312(5779): 1537-1540.

[70] CRONE E A, WENDELKEN C, DONOHUE S, et al. Neurocognitive development of the ability to manipulate information in working memory [J]. Proceedings of the National Academy of Sciences, 2006, 103(24): 9315-9320.

[71] DEWITT J, OSBORNE J, ARCHER L, et al. Young children's aspirations in science: the unequivocal, the uncertain and the unthinkable [J]. International Journal of Science Education, 2013, 35(6): 1037-1063.

[72] DEWITT J, ARCHER L, MAU A. Dimensions of science capital: exploring its potential for understanding students' science participation[J]. International Journal of Science Education, 2016, 38(16): 2431-2499.

[73] DIETRICH A. The cognitive neuroscience of creativity[J]. Psychonomic Bulletin & Review, 2004, 11(6): 1011-1016.

[74] DIETRICH A, KANSO R A. Review of EEG, ERP, and neuroimaging studies of creativity and insight[J]. Psychological Bulletin, 2010, 136(5): 822-848.

[75] DIKA S L, SINGH K. Applications of social capital in educational

literature: a critical synthesis [J]. Review of Educational Research, 2002, 72(1):31.

[76] DUMAIS S A. Cultural capital, gender, and school success: the role of habitus[J]. Sociology of Education, 2002, 75(1):44-68.

[77] DUFFAU H, BAUCHET L, LEHÉRICY S, et al. Functional compensation of the left dominant insula for language [J]. Neuroreport, 2001, 12(10):2159-2163.

[78] EDGAR W J, NELSON N W. Important but not for me: students' attitudes towards secondary school science in England [J]. Research in Science & Technological Education, 2005, 23(1):41-57.

[79] ELIZABETH A H, SHARON L T. Role of the left inferior frontal gyrus in covert word retrieval: Neural correlates of switching during verbal fluency[J]. Neuropsychologia, 2006, 44(12):2547-2557.

[80] FERRY T R, FOUAD N A, SMITH P L. The role of family context in a social cognitive model for career-related choice behavior: a math and science perspective[J]. Journal of Vocational Behavior, 2000, 57(3):348-364.

[81] FINK A, GRABNER R, BENEDEK M, et al. Short communication: divergent thinking training is related to frontal electroencephalogram alpha synchronization[J]. European Journal of Neuroscience, 2006, 23(8):2241-2246.

[82] FINK A, BENEDEK M, GRABNER R, et al. Creativity meets neuroscience: experimental tasks for the neuro scientific study of creative thinking[J]. Methods, 2007, 42(1):68-76.

[83] FINK A, GRABNER R, BENEDEK M, et al. The Creative Brain: investigation of brain activity during creative problem solving by means of EEG and fMRI[J]. Human Brain Mapping, 2009, 30(3):734-748.

[84] FIONA M R, MOHAMED L S, ALEX PL, et al. Multiple routes from

occipital to emporal cortices during reading[J].The Journal of Neuroscience, 2011,31(22):8239-8247.

[85]GLASS G V.Primary, secondary, and meta-analysis of research [J].Educational Researcher,1976,5(10):3-8.

[86]GREEN A E, KRAEMER D J, FUGELSANG J A, et al.Neural correlates of creativity in analogical reasoning[J].Journal of Experimental Psychology:Learning,Memory,and Cognition,2012,38(2):264-272.

[87]GOEL V, VARTANIAN O.Dissociating the roles of right ventral lateral and dorsal lateral prefrontal cortex in generation and maintenance of hypotheses in set-shift problems[J]. Cerebral Cortex,2004, 15(8):1170-1177.

[88]GOLD B T, BALOTA D A, JONES S J, et al.Dissociation of automatic and strategic lexical-semantics: functional magnetic resonance imaging evidence for differing roles of multiple frontotemporal regions[J]. Journal of Neuroscience,2006,26(24):6523-6532.

[89]GOYETTE K,XIE Y.Educational expectations of Asian American youths: determinants and ethnic differences[J]. Sociology of Education, 1999,72(1):22-36.

[90]GUI X,LU Z L,IRWIN P L,et al.An fMRI study of risk-taking following wins and losses: implications for the gambler's fallacy?[J] Human Brain Mapping,2011,32(2):271-281.

[91]GUY V.Knowing about tools: neural correlates of tool familiarity and experience[J].NeuroImage,2008,40(3):1380-1391.

[92]HAO X, CUI S, LI W F, et al.Enhancing insight in scientific problem solving by highlighting the functional features of prototypes: an fMRI study[J]. Brain Research,2013,1534(0):46-54.

[93]HOWARD-JONES P A, BLAKEMORE S J, SAMUEL E A, et al. Semantic divergence and creative story generation: an fmri investigation[J]. Cognitive Brain Research, 2005, 25(1): 240-250.

[94]JARMAN M S. Quantifying the qualitative: measuring the insight experience[J]. Creativity Research Journal, 2014, 26(3): 276-288.

[95]JAUŠOVEC N, JAUŠOVEC K. Differences in resting EEG related to ability[J]. Brain Topography, 2000, 12(3): 229-240.

[96]JAUŠOVEC N, JAUŠOVEC K. EEG activity during the performance of complex mental problems[J]. International Journal of Psychophysiology, 2000, 36(1): 73-88.

[97]JORDAN K, HEINZE H J, LUTZ K, et al. Cortical activation during the mental rotation of differentvisual objects[J]. Neuroimage, 2001, 13(1): 143-152.

[98]WÜSTENBERG T, HEINZE H J, PETERS M, et al. Women and men exhibit different cortical activation patterns during mental rotation tasks[J]. Neuropsychologia, 2002, 40(13): 2397-2408.

[99]JUNG-BEEMAN M, BOWDEN E M, HABERMAN J, et al. Neural activity when people solve verbal problems with insight[J]. Plos Biology, 2004, 2(4): 500-510.

[100]KAPLAN C A, SIMON H A. In search of insight[J]. Cognitive Psychology, 1990, 2(3): 374-419.

[101]KARANTZAS G C, AVERY M R, MACFARLANE S, et al. Enhancing critical analysis and problem-solving skills in undergraduate psychology: an evaluation of a collaborative learning and problem-based learning approach[J]. Australian Journal of Psychology, 2013, 5(1): 38-45.

[102]KELLER B K, WINSTON S C. The role of parental influences on

young adolescents' career development [J]. Journal of Career Assessment, 2008(2):198–217.

[103]KOUNIOS J, BEEMAN M.The cognitive neuroscience of insight [J].Annual Review of Psychology, 2014, 65:71–93.

[104] KOUNIOS J, FRYMIARE J L, BOWDEN E M, et al. The prepared mind: neural activity prior to problem presentation predicts subsequent solution by sudden insight [J].Psychological Science, 2006, 17 (10):882–891.

[105] KUPERBERG G R, SITNIKOVA T, LAKSHMANAN B M. Neuroanatomical distinctions within the semantic system during sentence comprehension: evidence from functional magnetic resonance imaging [J]. Neuroimage, 2008, 40(1):367–388.

[106]LEE C S, HUGGINS A C, THERRIAULT D J. A measure of creativity or intelligence? Examining internal and external structure validity evidence of the Remote Associates Test [J]. Psychology of Aesthetics, Creativity, and the Arts, 2014(4):446–460.

[107]LORRAINE K T, MEREDITH A S, BILLI R, et al. Preserving syntactic processing across the adult life span: the modulation of the frontotemporal language system in the context of age-related atrophy [J]. Cerebral Cortex, 2010, 20(2):352–364.

[108]LUCAS S R. Effectively maintained inequality: education transitions, track mobility, and social background effects [J].American Journal of Sociology, 2001, 106(6):1642–1690.

[109] LUO J, KNOBLICH G. Studying insight problem solving with neuroscientific methods [J].Methods, 2007, 42(1):77–86.

[110] LUO J, NIKI K. The function of hippocampus in "insight" of

problem solving[J].Hippocampus,2003,13(3):274-281.

[111]LUO J,NIKI K,PHILLIPS S.The function of anterior cingulate cortex(ACC) in the insightful solving of puzzles:the ACC is activated less when the structure of the puzzle is known [J]. Journal of Psychololgy in Chinese Societies,2004,5(2):195-213.

[112] LUO J, NIKI K, PHILLIPS S. Neural correlates of the "Aha! Reaction"[J].NeuroReport,2004,15(13):2013-2017.

[113]LUO J,LI W,QIU J,et al.Neural basis of scientific innovation induced by heuristic prototype[J]. Plos One,2013,8(1):e49231.

[114] MAI X Q, LUO J, WU J H, et al. "Aha!" effects in a guessing riddle task:an ERP study[J].Human Brain Mapping,2004,22(4):261-270.

[115] MASHAL N, FAUST M, HENDLER T, et al. An fMRI investigation of the neural correlates underlying the processing of novel metaphoric expressions[J].Brain and Language,2007,100(2):115-126.

[116]MAYSELESS N,ERAN A,SHAMAY-TSOORY S G.Generating original ideas:the neural underpinning of originality[J].NeuroImage,2015, 116(0):232-239.

[117]MARCO C M D,DEREK K,DOMINIC H.Perisylvian language networks of the human brain[J].Annals of Neurology,2005,57(1):8-16.

[118]MCKIERNAN K A,KAUFMAN J N,KUCERA-THOMPSON J,et al.A parametric manipulation of factors affecting task-induced deactivation in functional neuroimaging[J].Journal of Cognitive Neuroscience,2003,15(3):394-408.

[119]MCKIERNAN K A, D'ANGELO B R, KAUFMAN J N, et al. Interrupting the "stream of consciousness" : an fMRI investigation [J]. Neuroimage,2006,29(4):1185-1191.

[120] MILLS K L, TAMNES C K. Methods and considerations for longitudinal structural brain imaging analysis across development [J]. Developmental Cognitive Neuroscience, 2014, 9: 172-190.

[121] MING D, TONG D D, YANG W J, et al. How can we gain insight in scientific innovation? Prototype heuristic is one key [J]. Thinking Skills and Creativity, 2014, 14: 98-106.

[122] MÖLLE M, MARSHALL L, WOLF B, et al. EEG complexity and performance measures of creative thinking [J]. International Review of the red cross, 1999, 36(1): 95-104.

[123] NOPPENEY U, PHILLIPS J, PRICE C. The neural areas that control the retrieval and selection of semantics [J]. Neuropsychologia, 2004, 42(9): 1269-1280.

[124] PEZARIS E, Casey M B. Girls who use "masculine" problem-solving strategies on a spatial task: proposed genetic and environmental factors [J]. Brain and Cognition, 1991, 17(1): 1-22.

[125] PRIEUR A, SAVAGE M. Emerging forms of cultural capital [J]. European Societies, 2013, 15(2): 246-267.

[126] QIU J, LI H, LUO Y J, et al. Brain mechanism of cognitive conflict in a guessing chinese logogriph task [J]. NeuroReport, 2006, 17(6): 679-682.

[127] QIU J, LI H, JOU J, et al. Neural correlates of the "Aha" experiences: evidence from an fMRI study of insight problem solving [J]. Cortex, 2010, 46(3): 397-403.

[128] QU F B, WANG J P, ZHONG Y, et al. Postural effects on the mental rotation of body-related pictures: an fMRI study [J]. Frontiers in Psychology, 2018, 9: 720.

[129] RAPOSO A, MOSS H E, STAMATAKIS E A, et al. Repetition suppression and semantic enhancement: an investigation of the neural correlates of priming[J]. Neuropsychologia, 2006, 44(12): 2284–2295.

[130] RAPP A M, LEUBE D T, ERB M, et al. Neural correlates of metaphor processing[J]. Cognitive Brain research, 2004, 20(3): 395–402.

[131] RAZUMNIKOVA O M. Functional organization of different brain areas during convergent and divergent thinking: an EEG investigation [J]. Cognitive Brain Research, 2000, 10(1–2): 11–18.

[132] ROBINSON A. Perspiration, inspiration, and the 10–year rule [J]. The Lancet, 2010, 376(9751): 1458–1459.

[133] SEGER C A, DESMOND J E, GLOVER G H, et al. Functional magnetic resonance imaging evidence for right–hemisphere involvement in processing unusual semantic relationships [J]. Neuropsychology, 2000, 14(3): 361–369.

[134] SEWELL W H, SHAH V P. Social class, parental encouragement, and educational aspirations[J]. American journal of sociology, 1968, 73(5): 559–572.

[135] SHEN W B, YUAN Y, LIU C, et al. In search of the "Aha!" experience: elucidating the emotionality of insight problem–solving [J]. British Journal of Psychology, 2016, 107(2): 281–298.

[136] SHI B G, CAO X Q, CHEN Q L, et al. Different brain structures associated with artistic and scientific creativity: a voxel–based morphometry study[J]. Scientific Reports, 2017, 7(1): 42911.

[137] STOPPEL C M, BOEHLER C N, STRUMPF H, et al. Neural correlates of exemplar novelty processing under different spatial attention conditions[J]. Human Brain Mapping, 2009, 30(11): 3759–3771.

[138] STRAND S, WINSTON J. Educational aspirations in inner city schools[J]. Educational Studies, 2008, 34(4): 249-267.

[139] TAKEUCHI H, TAKI Y, HASHIZUME H, et al. Failing to deactivate: the association between brain activity during a working memory task and creativity[J]. NeuroImage, 2011, 55(2): 681-687.

[140] TIAN F, TU S, QIU J, et al. Neural correlates of mental preparation for successful insight problem solving [J]. Behavioural Brain Research, 2011, 216(2): 626-630.

[141] TONG D D, DAI T E, LI W F, et al. An fmri study for problem-finding in scientific inventional situation [J]. Acta Psychologica Sinica, 2013, 45(7): 740-751.

[142] TONG D D, ZHU H X, LI W F, et al. Brain activity in using heuristic prototype to solve insightful problems [J]. Behavioural Brain Research, 2013, 253(1): 139-144.

[143] TURKELTAUB P E, EDEN G F, JONES K M, et al. Meta-analysis of the functional neuroanatomy of single-word reading: method and validation[J]. NeuroImage, 2002, 16(3): 765-780.

[144] VAN SCHIE C C, VAN HARMELEN A L, HAUBER K, Et al. The neural correlates of childhood maltreatment and the ability to understand mental states of others [J]. European Journal of Psychotraumatology, 2017, 8(1): 1272788.

[145] VIGNEAU M, BEAUCOUSIN V, HERVÉ P Y, et al. Meta-analyzing left hemisphere language areas: phonology, emantics, and sentence processing[J]. Neuroimage, 2006, 30(4): 1414-1432.

[146] WAGNER A D. Working memory contributions to human learning and remembering[J]. Neuron, 1999, 22(1): 19-22.

[147] WAGNER A D, PARE-BLAGOEV E J, CLARK J, et al. Recovering meaning: left prefrontal cortex guides controlled semantic retrieval[J].Neuron,2001,31(2):329-338.

[148] WEBB M E, LITTLE D R, CROPPER S J.Insight is not in the problem: investigating insight in problem solving across task types [J]. Frontiers in Psychology,2016,7:1424

[149] WU X, YANG W J, TONG D D, et al. A meta-analysis of neuroimaging studies on divergent thinking using activation likelihood estimation[J].Human Brain Mapping,2015,36(7):2703-2718.

[150] YANG W J, JIN Y L, QIU J, et al.The effect of prototype difficulty and semantic similarity on the prototype activation[J].Acta Psychologica Sinica, 2018,50(3):260-269.

[151] YANG W J, GREEN A E, CHEN Q L, et al. Creative problem solving in knowledge-rich contexts[J].Trends in Cognitive Sciences,2022, 26(10):849-859.

[152] ZABELINA D L, ANDREWS-HANNA J R. Dynamic network interactions supporting internally-oriented cognition[J].Current Opinion in Neurobiology,2016,40:86-93.

[153] ZHANG H.Instinct, inspiration, insight and creative thinking[J]. Exploration and Controversy,2010,5(18):84-89.

[154] ZHANG Z L, LEI Y, XING Q, et al.Left-hemispheric predominance on appropriateness evaluation of restructuring during chunk decomposition problem solving[J].Psychophysiology,2021,58(4):e13778.

[155] ZHAO Q, ZHOU Z, XU H, et al. Neural pathway in the right hemisphere underlies verbal insight problem solving [J]. Neuroscience, 2014,256(0):334-341.

[156]ZHENG Z W, LI J, XIAO F Q, et al.Electrophysiological evidence for the effects of unitization on associative recognition memory in older adults[J].Neurobiology of learning and memory, 2015, 121(suppl c): 59-71.

[157]ZHOU W, SHU H.A meta-analysis of functional magnetic resonance imaging studies of eye movements and visual word reading[J]. Brain and Behavior, 2017, 7(5): e00683.

学位论文类:

[1]陈杰.顿悟体验在旧问题再解以及相似问题解决中的作用[D].保定:河北大学,2023.

[2]陈群林.创造性成就与认知灵活性的关系——来自大脑结构和功能连接的证据[D].重庆:西南大学,2014.

[3]崔璨.奖赏影响创造性问题解决的认知神经机制——基于元控制的视角[D].长春:东北师范大学,2022.

[4]董文杨.我国高校拔尖创新人才培养模式案例研究[D].武汉:湖北大学,2014.

[5]代天恩.科学问题发现中的原型启发效应[D].重庆:西南大学,2011.

[6]杜双云.校企合作创新人才培养质量评价体系建构研究[D].黄石:湖北师范大学,2021.

[7]韩蒙.不同动机强度的情绪对顿悟问题解决的影响[D].西安:陕西师范大学,2016.

[8]郝鑫.认知风格与创造性思维的关系[D].重庆:西南大学,2014.

[9]冷海州.不同类型顿悟神经机制的ERP研究[D].大连:辽宁

师范大学,2016.

[10]李保忠.“双一流”背景下研究生拔尖创新人才培养模式研究[D].武汉:华中农业大学,2021.

[11]李文福.字谜问题解决中“Aha”效应的原型启发机制[D].重庆:西南大学,2011.

[12]李文福.创造性的脑机制——来自多模态磁共振成像的探索[D].重庆:西南大学,2014.

[13]李维维.原型启发范式中关键启发性信息的探查机制[D].重庆:西南大学,2015.

[14]李欣颐.不同认知方式下情绪影响顿悟问题解决的认知神经机制[D].西安:陕西师范大学,2019.

[15]李亚丹.竞争与情绪对顿悟的原型启发效应的影响[D].重庆:西南大学,2013.

[16]刘成凤.认知风格、成就动机对STEM问题解决中原型启发效应的影响[D].西安:陕西师范大学,2021.

[17]刘宏宇.顿悟问题解决的具身性实验研究[D].上海:华东师范大学,2016.

[18]刘晟楠.创造性思维水平高、低大学生类比推理能力与工作记忆关系的实验[D].大连:辽宁师范大学,2006.

[19]刘思琪.STEM教育下中学生创造性思维的调查与培养研究[D].长沙:湖南师范大学,2020.

[20]罗俊龙.创造性思维中原型启发促发顿悟的神经机制[D].重庆:西南大学,2012.

[21]吕慧超.原型学习条件对于原型启发效应的影响[D].重庆:西南大学,2012.

[22]吕凯.顿悟问题解决中重构过程机制研究[D].南京:南京师

范大学,2013.

[23]裴怡来.创造性评价的心理机制:新颖和价值在不同领域的作用[D].上海:华东师范大学,2023.

[24]任静.习近平关于创新人才的重要论述及其实践方式研究[D].重庆:西南大学,2022.

[25]任婉.汉语字形字谜与意会字谜的认知加工过程及其原型启发效应[D].杭州:浙江大学,2016.

[26]沈承春.创造性问题解决中原型启发的情绪效应[D].重庆:西南大学,2011.

[27]沈汪兵.联想类顿悟:心—身—脑机制的联合研究[D].南京:南京师范大学,2014.

[28]谭贺.习近平创新人才观视域下大学生创新素质提升研究[D].石家庄:河北科技大学,2022.

[29]谭柳.科学发明问题中原型启发效应的意识加工水平差异研究[D].重庆:西南大学,2020.

[30]史慧.高校创新人才培养模式研究[D].天津:天津大学,2015.

[31]田芳.顿悟的脑机制:来自远距离联想任务的证据[D].重庆:西南大学,2011.

[32]田燕.原型表征对创造性问题解决过程中的启发效应的影响[D].重庆:西南大学,2012.

[33]童丹丹.原型启发能力的蔡克尼克效应及其脑机制研究[D].重庆:西南大学,2014.

[34]王书延.大学生元认知与创造性人格、创造性思维的关系研究[D].西安:西北大学,2008.

[35]王晓珂.基于拔尖创新人才培养的中学生创造性思维评价指

标体系构建研究[D].石家庄:河北师范大学,2023.

[36]文明.大学生提问能力与创造性思维的关系研究[D].苏州:苏州大学,2009.

[37]吴真真.顿悟过程的原型启发机制[D].重庆:西南大学,2010.

[38]徐晨欣.创造性应对方式对学业情绪和学业压力的影响:机制探讨与干预研究[D].上海:华东师范大学,2023.

[39]杨淞月.高校拔尖创新人才成长规律及培养策略研究[D].武汉:中国地质大学,2012.

[40]张蕾.酒精对创造性问题解决过程中原型启发效应的影响及神经机制[D].重庆:西南大学,2014.

[41]张友欣.情绪调节对顿悟问题解决原型启发效应的影响[D].重庆:西南大学,2014.

[42]周佳梦.心理距离对创造性观点选择的影响[D].上海:华东师范大学,2023.

[43]周月.诱发式顿悟的项目记忆和联结记忆优势效应研究[D].广州:广州大学,2022.

[44]朱丹.科学发明原型启发中共同文字与突出原理的作用机制[D].重庆:西南大学,2011.

[45]朱海雪.科学发明创造问题解决中的原型位置效应[D].重庆:西南大学,2012.

附　　录

附录1　科学创造实验问题材料库（部分）①

1.三腔灭火器

情境问题：用水灭火往往受水源的限制，将两种化学药剂混合能够产生灭火效果很好的喷雾，但是在灭火的时候不易控制两种化学药剂的混合。灭火的时候如何控制化学药剂的混合？

原型：投弹甲虫尾部有三个腔室，分装三种不同的化学药剂，瞬间混合时发生剧烈化学反应，进而向敌人喷出灼热的毒液。

2.生物冷光灯

情境问题：煤层中充满瓦斯气体，瓦斯气体很容易遇热爆炸。煤矿中需要有照明，而普通照明灯又会产生热量导致瓦斯爆炸。如何使煤矿中的照明灯不易导致瓦斯爆炸？

原型：萤火虫体内有荧光素和荧光素酶，两种物质在水中混合，经过化学反应，发出生物冷光，不产生热量。

3.条形标识码

情境问题：超市商品繁多，外形不一，很难辨别，但又需要计算机在结算的时候迅速辨别出各种商品，并自动计算其价格。如何让计算机快速准确地算出各种商品的价格？

---

① 实验材料未经本团队授权不得使用，违法必究。

原型：化学实验室中摆满了各种装有不同药水的瓶子，有时很难辨别瓶子里装了什么药水，贴上标签以后就很容易根据这些标签知道瓶子里装了什么药水。

4.蜂窝式结构设计

情境问题：载人飞船发射成本高昂，里面空间有限，但要分割成许多小舱，以便于安装各种仪器和供宇航员居住。科学家试图最大程度地利用飞船里面的空间。如何合理地设计飞船内舱的结构？

原型：蜂房的房孔是正六边形，是近似的圆柱形，而圆形是重量不变的情况下面积最大的形状。蜜蜂在房孔中进出既不会有多余的空间又不感到拥挤。

5.便洗油漆

情境问题：汽车上的尘土用清水不易洗净，而加了化学洗涤剂又容易腐蚀车的表面。汽车的表面如何设计才更容易用水清洗尘土？

原型：莲叶表面有许多微小的凸起，水滴不能在叶子表面流散，只能凝成水珠滑走，这样水珠就会把尘土带走。

6.声呐探测

情境问题：货轮要避免触礁，而多数暗礁是用任何形式的望远镜都看不见的。发明什么设备可以使船只轻易躲避暗礁？

原型：海豚有专门发射和接收超声波的器官，并因此可以依靠超声波探测鱼群，寻找食物。

7.林中捕虫笼

情境问题：如果要消灭森林中的蛾类害虫，使用化学药剂最有杀伤力，但是用药耗量大、成本高、污染环境。如何用少量的化学药剂最大量地杀灭害虫？

原型：雌蛾分泌很少量的性外激素就可以将很远处的雄蛾吸引过来。科学家做过这样一个实验，将一只雌锯蝇关在笼子内，竟有一万一千多只雄锯蝇被雌锯蝇分泌的性外激素吸引而来，雄锯蝇将笼子团团围住。

8.拟色的服装

情境问题：陆军需要躲避敌机的发现，但战斗中有时行进在沙漠中，有时候行进在草原上，任何一种颜色的服装都很难伪装。行军中如何成功伪装同时又轻装行动？

原型：雷鸟会随着环境的变化改变自己羽毛的颜色，从而避开天敌。

9.结粪“撞击术”

情境问题：马肠道里的结粪很硬，难被肠道的蠕动所揉碎，经常会造成马匹死亡。如何去除马肠道里的结粪？

原型：鸡蛋很难握破但极易被击碎。

10.发动机的汽化器

情境问题：为使汽油在内燃机中迅速而充分地燃烧，需要将液体的汽油和空气迅速均匀地混合。如何均匀混合汽油和空气？

原型：女士喷洒香水后，整个屋子会很快弥漫着香味。这是因为液体的香水“汽化”后更容易渗透到空气中。

11.盒子鱼形汽车

情境问题：汽车的每100公里耗油量是重要的质量指标，开发商一直在努力开发高效、节能的新款汽车。汽车怎样设计才能更高效、节能？

原型：两栖动物盒子鱼移动速度十分快，因为其流线型身体及皮肤结构符合空气动力学原理，可以大大减少空气阻力。

12.用声波驱赶小鸟

情境问题：飞机在起飞的时候，如果机场上空的小鸟被卷进发动机，就会造成巨大损失。如何驱赶机场上空的小鸟？

原型：有一种频率的声音，人耳朵听不见，但能够吓得小鸟四处逃散。

13.旋转式太阳能硅晶板

情境问题：太阳能无污染且取之不尽，但由于太阳东升西落，使得太阳能硅晶板只能在某一时刻接受最大面积的阳光。如何使硅晶板最大面积地接受阳光？

原型：向日葵有一种感光的生长素，该生长素能随着阳光调整花盘方向，使向日葵始终对着太阳，以最大限度地接受阳光的照射。

14.吸收重金属的植物

情境问题：工业生产排放的废水中含有大量的重金属，这会给环境造成很大污染。如何最经济地治理含有重金属的废水？

原型：海带能摄取海中的碘，海带中碘的浓度比海水中碘的浓度高几万倍。还有一些水生植物都具有类似的摄取重金属的功能。

15.螺旋桨汽车

情境问题：赛车时，车手总想提高自己的车速，但规则不允许改动赛车本来的引擎和轮胎。怎样使赛车在不改动引擎和轮胎的前提下提高速度？

原型：水上的快艇在尾部的下方有一个螺旋桨，高速旋转的时候就可以推动游艇快速前进。

16.生物肥料

情境问题：化肥能使农作物增产，因此化肥的使用量很大，但是化肥的使用又不利于人们的健康。科学家正在研究如何减少化肥的使用量。如何利用基因技术使农作物为自己施肥？

原型：豆科植物根部的固氮菌能够将空气中的氮合成氮肥，在豆科植物根部形成含有氮肥的根瘤，为豆科植物提供氮肥。

17. 自我修复机器人

情境问题：太空环境恶劣，因此在太空作业中机器人被派上用场，但机器人的自动操作系统也容易出现故障。如何解决太空机器人的自动操作系统的故障问题？

原型：某类球菌有一种特殊的修复基因，能使受损基因恢复到原来状态。

18. 测量星体的距离

情境问题：地球自转的时候，我们可以测量到星球自东向西运行。星球看上去好像是镶嵌到天穹上的明珠，离我们的距离是一样的，但实际上星球离我们的距离是不一样的。怎样测量出星球离我们的距离？

原型：当火车向前行驶的时候，在几秒钟的时间内我们可以发觉最远处的山头几乎是静止的，离火车距离越近的物体向后移动的速度越快。但其实它们和火车的相对速度都是一样的。

19. 防止小行星撞击地球

情境问题：地球周围有1000多颗小行星，如果撞击地球就会导致毁灭性的灾难。一颗直径100英尺的小行星撞击地球就会产生相当于1万颗原子弹的威力。如果发射原子弹去炸毁它，不仅因碎片质量小更容易因地球的引力而冲向地球，而且会带来原子辐射的危害。如何在不炸毁小行星的前提下防止它撞击地球？

原型：我们在打台球的时候，用一点点力量撞击一颗前进中的台球，它就会改变方向，离开原来的轨道。

20. 爬行车

情境问题：在非常松软的土地上或沼泽地带，汽车的轮子很容易陷进去，无法前行。如何设计一种在沼泽地带也能前行的机动车？

原型：毛毛虫身体狭长且带有环节，几乎整个身体贴着地面，能在任何地面上行走自如。

21. 鲎眼摄像仪

情境问题：太空卫星拍摄到的侦察照片，有时候很模糊，普通的摄像仪很难拍出清晰度较高的影像，在光线微弱的时候就更难拍出清晰的影像了。如何改进摄像仪使之可以拍出清晰的侦察照片？

原型：鲎的每只眼由1000只小眼组成，当一个小眼受到光照刺激产生神经兴奋时，周围的小眼却受到抑制，因此大大加强了目标的清晰度，从而使鲎在昏暗的海底也能看清外界的景物。

22. 中国宇航员服装

情境问题：宇航员出舱时候穿的宇航服，既要有一定的坚硬度以便承受气压，又要能够弯曲，便于宇航员出舱操作。怎样使宇航服既有硬度又能在需要时自由弯曲呢？

原型：煮熟的虾子，其身体部分的外壳既坚硬又可以弯曲。

23. 空调制冷原理

情境问题：夏天的时候，电风扇吹出来的风都是热的，不能够降低室内温度。怎样使电风扇吹出冷风？

原型：被压缩成液体的空气，在还原成气体的这一汽化过程中会吸收大量的热量。

24. 抗荷服

情境问题：超高速歼击机驾驶员在飞机突然加速爬升时，因气压降低而使体内血管膨胀，血压下降，导致脑部缺血而头昏。怎样防止歼击机突然加速爬升时驾驶员头昏？

原型：长颈鹿身上的一层厚皮箍住了血管，限制了血压的膨胀。

25. 干胶炮弹

情境问题：武警在制服犯罪嫌疑人的时候，既要使对方丧失反抗和逃跑的能力，又要不伤及其身体。怎样制作一种武器，既能使对方动弹不得，也不伤及其身体？

原型：白蚁不仅使用“干胶”建筑它们的土堆，还可以通过头部的小管向敌人喷射“干胶”，粘住对方之后再慢慢消灭对方。

26. 防滑运动鞋

情境问题：篮球运动员在光滑的塑胶场上很容易滑倒，并可能受伤。怎样使运动鞋的橡胶鞋底具有防滑功能？

原型：章鱼有很多凹状的吸盘，可以牢牢地吸附在物体表面，防止滑脱。

27. 伤口黏合剂

情境问题：在战场上，伤员伤口需要及时缝合时，若一针一线地缝合伤口，不仅不能满足急救的需求，而且技术要求高，没有专业医生，伤员很难自救。如何发明一种快速而简便地闭合伤口的自救方法？

原型：壁虎足底的生物性“胶水”具有超强黏性，能够将任何有机物都死死粘住。

28. 可折叠电动车

情境问题：一个旅游景点准备在大门入口处为顾客准备大量操作简便的小电动车，供游客自驾游。但是由于该景点处于山谷之中，所以在大门入口附近难以找到一个能够同时停放这么多小电动车的地方。怎样改进小电动车才能解决停车难的问题？

原型：许多超市入口处有购物车，能够互相交叉折叠起来，储存和使用都很方便。

29. 微型热传感器

情境问题：当罪犯逃进大森林之后，武警开着直升机低空搜寻的时候，茂密的森林挡住了视线，看不见罪犯。设计一个怎样的设备能够在森林上空看到罪犯?

原型: 热血动物的身体温度比周围环境高,毒蛇的“热眼”能够感受到周围环境中动物身上发出的热辐射,因此毒蛇能很容易觉察到附近存在的因被遮挡视线而看不见的动物。

30. 逐步提升法

情境问题: 建筑工地上几十米高的吊塔是用一个个正方体钢架堆积起来并用螺丝加以固定的,而吊塔是在缺少一个能够将钢架吊到几十米高的设备的情况下安装的。建筑工地上的吊塔怎样在没有更高吊机的前提下安装起来?

原型: 古时候,工匠们在没有大型设备的前提下将一个个上千公斤重的石料堆积成一个几十米高的石柱。他们的方法是在最底下的石料边上固定一个粗木棒,然后用滑轮组将第二块石料吊上第一块石料,然后又在第二块石料边上固定一个粗木棒,再将第三块石料吊上第二块石料的上面……如此反复,直到完成最后一个几十米高的石柱的堆砌。

31. 罩鼻的小发明

情境问题: 马路上的粉尘和有毒气体含量是一般家居环境的100多倍,交警在执勤的时候,会大量吸进粉尘和汽车的尾气,对健康十分有害。虽然戴口罩可以解决这个问题,但是,由于交警需要经常和别人交流,戴着口罩非常不方便。怎样改进交警执勤时用的口罩?

原型: 在海滩上晒日光浴,如果穿着衣服会使身上得不到阳光照射,如果不穿衣服又不文明。男人们就采取只穿泳裤的方法来解决。

32. 偏振光天文罗盘

情境问题: 航海和航空中经常使用磁罗盘来导航,但是在高纬度地区航行时,磁罗盘会因地磁场的变化而失灵。怎样制作一种不依靠地球磁场的罗盘，解决高纬度地区的导航问题？

原型：蜜蜂在高纬度地区也不会迷路，因为它的复眼可以感受天空中的偏振光，靠太阳来定位。

33.超音速飞机的“长针”

情境问题：当飞机速度接近和超过音速时，会在空气中形成音障，音障有时会损坏飞机。怎样使超音速飞机突破音障？

原型：剑鱼上颌尖长且硬，其高速游行时甚至可以击穿木船。

34.转动型大炮

情境问题：老式的坦克，其火炮是指向前方的，不能迅速转向以袭击不同方向的敌人。坦克的火炮如何才能迅速转向以袭击不同方向的敌人？

原型：大乌龟背上的小乌龟爱往哪转就往哪转。

35.撒哈拉森林计划

情境问题：干燥的沙漠中一年四季都很少有雨水，严重缺水，不能够保证人类生存所需要的饮水。如何在无雨的季节里在沙漠中收集水源？

原型：纳米比亚的雾姥甲虫白天利用黑色的背壳吸收热量，到了晚上，背壳温度比周围的环境温度要低，空气中的水分就会凝结在其背壳上。

36.免冷藏疫苗

情境问题：疫苗含有大量水分，存放时需要冷藏，但冷藏需消耗很多能源，并且一些运输车辆和在偏远地区，不具备冷藏条件。如何研发一种不必冷藏也能存活的疫苗？

原型：非洲有一种植物，体内含多酚，多酚能使植物在脱水时细胞膜不受到损伤，因此在旱季该植物会干枯，但到了雨季又恢复生机。

37. 公道杯

情境问题：古时候，皇帝请官员喝酒。贪酒的官员喜欢给自己倒得满满的。皇帝想惩罚一下这些官员，让他们愈是贪杯愈喝不到酒。如何使倒少量酒的官员喝到酒，而使倒满酒的官员喝不到酒。

原型：由于大气压的作用，虹吸现象能够自动将高处的水引到低处。

38. 薄壳结构

情境问题：现代建筑的屋顶大多是平的，如果要设计一个超大型的大厅，就会遇到横梁过长而很难承受屋顶重负的问题。什么样的巧妙结构能够使大厅屋顶的跨度更大？

原型：薄薄的蛋壳能够把受到的压力均匀地分散到蛋壳的各个部分，所以能承受巨大的压力。

39. 侧壁气垫船

情境问题：旧的气垫船速度存在限制，一般只能达到每小时80公里。如何设计出一种飞速航行的气垫船？

原型：乌贼是一种行动快速的海洋动物，素有“海上火箭”之称，这主要是因为它的尾部有一个高速喷水的推进器。

40. 颗粒防毒面具

情境问题：随着科技进步，不管在军事领域还是在工业领域中，毒气成为军事武器或人们面临的重要污染物，所以如何才能安全地暴露在毒气之中成为重要的研究课题。如何才能使暴露在毒气中的人不会中毒？

原型：当野猪闻到强烈的刺激性气味后，就用嘴拱地，泥土被野猪拱动后其颗粒变得较为松软，对毒气起到了过滤和吸附的作用。

41. 电解质原理

情境问题：海里含有大量的电解质，对用钢铁打造的船具有很大的腐蚀性，而用其他材料造船代价高，且强度不够。如何保护船体不被海水腐蚀？

原型：学生做电池的化学实验时发现，当铜棒与相对活跃的铁棒在电解液中用导线连接时，有电流产生，而且铁棒的质量会减轻，铜棒的质量没有变化。

42.海水淡化装置

情境问题：远洋航行的时候，多带淡水就必须少装货物，因此远洋航行船上经常会遇到淡水缺乏的问题。科学家开始研究利用海水来制造淡水的设备，但传统的海水淡化方法是加热、蒸馏，不仅成本高，而且所需的大量燃料也同样会增加船的负载。如何发明一种更可行的海水淡化装置？

原型：信天翁这种海鸟，用它鼻子里简单的“去盐器”就能使海水变成淡水。经过研究发现，信天翁的鼻孔像管道，在管道附近有盐腺，盐腺内有许多细管与血管交织在一起，能把信天翁喝下去的海水中过多的盐分隔离，并通过管道把盐溶液排出。

附录2　威廉斯创造力倾向测验量表

这是一个测量你的创造性倾向的量表。在下面的句子中，如果你发现某些句子所描述的情形很适合你，请在题后的方框内填1；如果有些句子仅是部分适合你，则填2；如果有些句子对你来说，根本不可能适合你，则填3。

1	在学校里，我喜欢试着对事情或问题做猜测，即使不一定都猜对也无所谓	
2	我喜欢仔细观察我没有见过的东西，以了解详细的情形	
3	我喜欢听变化多端和富有想象的故事	
4	画图时我喜欢临摹别人的作品	
5	我喜欢利用旧报纸、旧日历及旧罐头等废物做成各种好玩的东西	
6	我喜欢幻想一些我想知道或我想去做的事情	
7	如果事情不能一次完成，我会继续尝试，直到成功为止	
8	做功课时我喜欢参考各种不同的资料，以便得到更多方面的了解	
9	我喜欢用相同的方法做事情，不喜欢去找其他新的方法	
10	我喜欢探究事情的真假	
11	我喜欢做许多新鲜的事	
12	我不喜欢交新朋友	
13	我喜欢想一些不会在我身上发生的事情	
14	我喜欢想象有一天能成为艺术家、音乐家或诗人	
15	我会因为一些令人兴奋的念头而忘记了其他事情	
16	我宁愿生活在太空站，也不喜欢住在地球上	

续 表

17	我认为所有的问题都有固定的答案	
18	我喜欢与众不同的事情	
19	我常想要知道别人正在想什么	
20	我喜欢故事或电视节目中所描写的一些事	
21	我喜欢和朋友在一起，和他们分享我的想法	
22	如果一本故事书的最后一页被撕掉了，我就自己编造一个故事，把结局补上去	
23	我长大后，想做一些别人从没想过的事	
24	尝试新的游戏和活动，是一件有趣的事情	
25	我不喜欢太多的规则限制	
26	我喜欢解决问题，即使没有正确的答案也没关系	
27	有许多事情我都很想亲自去尝试	
28	我喜欢唱没有人知道的新歌	
29	我不喜欢在班上同学们面前发表意见	
30	当我看小说或看电视时，我喜欢把自己想象成故事中的人物	
31	我喜欢幻想200年前人类生活的情形	
32	我常想自己编一首新歌	
33	我喜欢翻箱倒柜，看看有些什么东西在里面	
34	画图时，我喜欢改变各种东西的颜色和形状	
35	我不敢确定我对事情的看法都是对的	
36	对于一件事情先猜猜看，然后再看看是不是猜对了，这种方法很有趣	
37	玩猜谜之类的游戏很有趣	
38	我对机器感兴趣，也很想知道它里面是什么样子的，以及它是怎样转动的	
39	我喜欢可以拆开来的玩具	
40	我喜欢想一些新点子，即使用不着也无所谓	
41	一篇好的文章应该包含许多不同的意见或观点	
42	为将来可能发生的事情找答案，是一件令人兴奋的事情	

续 表

43	我喜欢尝试新的事情，目的只是想知道会有什么结果	
44	玩游戏时，我通常有兴趣参加，而不在乎输赢	
45	我喜欢想一些别人常常谈过的事情	
46	当我看到一张陌生的照片时，我喜欢猜测他是怎样的一个人	
47	我喜欢翻阅书籍和杂志，但只想知道它的内容是什么	
48	我不喜欢探究事情发生的各种原因	
49	我喜欢问一些别人没有想到的问题	
50	无论在家里或在学校，我喜欢做许多有趣的事情	

附录3　笔者与本书内容相关的成果

［1］朱海雪，朱承亮，张庆林．不同范式下科学发明问题解决的原型启发机制［J］．心理科学，2020，43(4)：815-820.

［2］李玲，朱海雪，潘士美．科学资本对西部学生科学职业理想的影响研究［J］．华东师范大学学报（教育科学版），2020，38(7)：117-126.

［3］李玲，朱海雪，陈宣霖．义务教育人力资本发展评估——基于反贫困理论视角［J］．教育研究，2019，40(10)：124-131.［2020(02)人大复印资料全文转载］

［4］朱海雪，张庆林．科学发明问题解决中大脑自动响应机制再探［J］．心理科学，2018，41(6)：1333-1338.

［5］朱海雪，张庆林．创造性倾向对科学问题解决中原型位置效应的影响［J］．心理与行为研究，2014，12(5)：616-620.

［6］TONG D，ZHU H，LI W，et al. Brain activity in using heuristic prototype to solve insightful problems［J］. Behavioural Brain Research，2013，253(7)：139-144.

［7］朱海雪，杨春娟，李文福，等．问题解决中顿悟的原型位置效应的fMRI研究［J］．心理学报，2012，44(8)：1025-1037.

［8］朱海雪，罗俊龙，杨春娟，等．发明创造问题解决中的原型位置效应［J］．心理科学，2012，35(1)：70-75.

[9]张庆林，朱海雪，邱江，等.顿悟的原型启发机制的研究[J].宁波大学学报(教育科学版)，2011，33(1)：45-49.

[10]朱海雪，骆玲玲，贾铁.基于PDCA循环理念的教师教育专业教学质量监控体系构建——以滁州学院为例[J].贵州工程应用技术学院学报，2023，41(1)：107-111.

后　　记

随着著作的完成，笔者对“原型启发”这一方向的研究也算画上了圆满的句号。在撰写此书的过程中，遇到了太多贵人的相助，在此表示感谢，也感谢滁州学院为笔者写就此书创造了良好的写作环境。团结的氛围、舒适的办公室、领导和同事的鼓励与支持……才让这部著作的完成如此顺利。

撰写此书除了自己将所发表的论文整理了一遍外，其他工作如序言及最后的建议部分的撰写均由合著者任美健完成。本书的完成可以说倾注了两人的心血，我们都为之付出了很多努力，做这些也是为了让本书能够更完善，让更多同一方向的人可以看到我们的研究成果，并期冀能够为他们提供一定的借鉴和参考。这也算是对自己在这一方向上十几年工作的慰藉。

另外，本书的撰写得到了同行专业人士的指导，他们对本书提出的建议均已采纳。更期望未来阅读到此书的人给予更多的批评与指正，所有的宝贵建议都将鞭策我们在科研道路上继续前行。

最后，也是很重要的一点，撰写此书更是为了纪念已逝的恩师张庆林教授，“原型启发”这一研究方向追溯到2009年读硕士研究生期间，距今已过去整整16年了，在这16年间，笔者一直在这一方向上进行探索，也时刻铭记恩师的教诲，撰写了数篇“原型启发”方面的论文，多数论文是与张老师在一起的珍贵回忆，这些论文的